U0266102

装配式混凝土结构质量控制要点

ZHUANGPEISHI HUNNINGTU JIEGOU ZHILIANG
KONGZHI YAODIAN

主　编　金孝权
副主编　唐祖萍

中国建筑工业出版社

图书在版编目（CIP）数据

装配式混凝土结构质量控制要点/金孝权主编. —北
京：中国建筑工业出版社，2017.12
ISBN 978-7-112-21456-3

Ⅰ.①装… Ⅱ.①金… Ⅲ.①装配式混凝土结
构-混凝土施工-施工质量 Ⅳ.①TU755

中国版本图书馆 CIP 数据核字（2017）第 267829 号

本书是关于装配式混凝土结构控制的工具书，内容包括概述；质量行为控制
要点；原材料；构件生产；装配式混凝土构件安装；装配式混凝土结构工程的
验收。

本书内容全面、翔实、通俗易懂，是工程参建各方、工程质量监管部门控制
工程质量的工具书，也可为相关专业大中专院校师生参考使用。

责任编辑：范业庶 万 李 张 磊
责任设计：李志立
责任校对：焦 乐 芦欣甜

装配式混凝土结构质量控制要点
主 编：金孝权
副主编：唐祖萍

*

中国建筑工业出版社出版、发行（北京海淀三里河路 9 号）
各地新华书店、建筑书店经销
霸州市顺浩图文科技发展有限公司制版
北京市密东印刷有限公司印刷

*

开本：787×1092 毫米 1/16 印张：8 字数：197 千字
2018 年 2 月第一版 2018 年 2 月第一次印刷
定价：**30.00** 元
ISBN 978-7-112-21456-3
（31128）

本书编委会

主　　编：金孝权

副 主 编：唐祖萍

编写人员：吕如楠　孙海龙　杨安东　金瑞娟　周广良　殷　伟

　　　　　杨永胜　芮万平　王正华　陈　烨　陶　卫

前　　言

发展装配式建筑是建造方式的重大变革，是推进供给侧结构性改革和新型城镇化发展的重要举措，是贯彻落实国办发〔2013〕1 号关于大力推进建筑工业化的文件精神，有利于节约资源能源、减少施工污染、提升劳动生产效率和质量安全水平，有利于促进建筑业与信息工业化深度融合、培育新产业新动能、推动化解过剩产能。

为了推进建筑产业现代化发展，保障装配式混凝土结构工程的质量，帮助工程技术人员和施工操作人员掌握工程质量控制的基本理论知识和施工实践技能，本书从责任主体的质量行为、混凝土构件原材料、构件生产、装配式混凝土构件安装、装配式混凝土结构工程验收等五个方面对工程质量行为的要求、原材料的控制、现场安装环节关键节点的控制，作了详细的描述，内容全面、翔实、通俗易懂，是工程参建各方、工程质量监管部门控制工程质量的工具书。

本书在编写过程中广泛征求了质监机构、施工单位、设计单位等方面有关专家的意见，经多次研讨和反复修改，最后审查定稿。

本书所引用标准、规范、规程及相关法律、法规都有被修订的可能，使用时应关注所引用标准、规范、规程等的发布、变更，应使用现行有效版本。

本书的编写者都是多年从事工程设计、施工、质量管理、工程质量监督等方面的专家，在编写的过程中，尽管参阅、学习了许多文献和有关资料，做了大量的协调、审核、统稿和校对工作，但限于时间、资料和水平所限，仍有不少缺点和问题，敬请谅解。为了不断完善本书，请读者随时将意见和建议反馈至中国建筑工业出版社（北京市海淀区三里河路 9 号，邮编 100037），电子邮箱：289052980@qq.com，留作再版时修正。

目　　录

第1章 概　　述

1.1　装配式混凝土结构的概念

装配式混凝土结构是主体结构部分或全部采用工厂化生产的预制混凝土构件，通过现场装配而成的钢筋混凝土结构。构件的装配方式一般有现场后浇叠合层混凝土、钢筋锚固后浇混凝土等，钢筋连接可采用套筒灌浆连接、焊接、机械连接及预留孔洞搭接等做法。

1. 装配式混凝土结构分类

装配式混凝土结构依据装配式程度高低可分为全装配式和部分装配式两大类。全装配式结构一般限制为低层或抗震设防要求较低的多层建筑。部分装配式结构主要构件一般采用预制构件，在现场通过现浇混凝土连接，形成装配整体式结构的建筑。依据预制构件的承载特点，又可分为以承重的结构构件为主的装配式混凝土剪力墙和以自承重预制外墙构件为主的内浇外挂式混凝土建筑。

2. 装配式混凝土结构的特点

（1）主要构件在工厂或现场预制，采用机械化吊装，可与现场各专业施工同步进行，具有施工速度快，工程建设周期短，利于冬期施工的特点。

（2）构件预制采用定型模板平面施工作业，代替现浇结构立体交叉作业，具有生产效率高、产品质量好、安全环保、有效降低成本等特点。

（3）在预制构件生产环节可采用反打一次成型工艺或立模工艺将保温、装饰、门窗附件等特殊要求的功能高度集成，减少了材料损耗和施工工序。

（4）由于对技术人员的技术管理能力和工程实践经验要求较高，装配式建筑的设计施工应做好前期策划，具体包括工期进度计划、构件标准化深化设计及资源优化配置方案。

1.2　国内外装配式混凝土结构发展概况

1.2.1　国外装配式混凝土建筑的发展状况

1. 北美地区装配式混凝土建筑的发展状况

北美地区主要是以美国、加拿大为主，由于预制/预应力混凝土协会（PCI）长期研究与推广预制建筑，预制混凝土的相关标准规范也很完善，所以其装配式混凝土建筑应用非常普遍。

北美的预制建筑主要包括建筑预制外墙和结构预制构件两个系列。预制构件的共同特点是大型化和预应力相结合，可优化结构配筋和连接构造，减少制作和安装工作量，缩短施工工期，充分体现工业化、标准化和技术经济性特点。

在 20 世纪，北美的预制建筑主要用于低层非抗震设防地区，由于加州地区的地震影响，近年来非常重视抗震和中高层预制结构的工程应用技术研究，预制/预应力混凝土协会（PCI）最近出版了《预制混凝土结构抗震设计》一书，从理论和实践角度系统分析了预制建筑的抗震设计问题，总结了许多预制结构抗震设计的最新科研成果，对指导预制结构设计和工程应用推广具有很强的指导意义。

2. 欧洲装配式混凝土建筑的发展状况

欧洲是预制建筑的发源地，早在 17 世纪就开始了建筑工业化之路。第二次世界大战后，由于劳动力资源短缺，欧洲更进一步研究探索建筑工业化模式，无论是经济发达的北欧、西欧，还是经济欠发达的东欧，一直都在积极推行预制装配式混凝土建筑的设计、施工方式，积累了许多预制建筑体系和标准化的通用预制产品系列，并编制了一系列《预制混凝土工程标准和应用手册》，对推动预制混凝土在全世界的应用起到了非常重要的作用。丹麦是一个将模数法制化应用在装配式住宅的国家，国际标准化组织 ISO 模数协调标准即以丹麦的标准为蓝本编制。2003 年，欧洲 ELSA 实验室开展了预制混凝土框架结构拟动力试验研究。ELSA 实验室对单跨双榀、双跨双榀及不同楼板铺设方向的预制框架结构进行了拟动力试验研究。梁柱节点采用螺栓连接节点，部分节点的梁柱间放有橡胶垫。动力试验显示：预制框架结构的抗震能力与现浇结构相当；橡胶垫缓冲作用强，有利于节点保持完整。

3. 日本和韩国装配式混凝土建筑的发展状况

日本和韩国借鉴了欧美的成功经验，在探索预制建筑的标准化设计施工基础上，结合自身要求，在预制结构体系整体性抗震和隔震设计方面取得了突破性进展．具有代表性的就是日本 2008 年采用预制装配式框架结构建成的两栋 58 层的东京塔．同时，日本的预制混凝土建筑体系设计、制作和施工的标准规范也很完善，目前使用的预制规范有《预制混凝土工程》（JASS10）和《混凝土幕墙》（JASS14）。

20 世纪 90 年代美国、日本联合对预制混凝土结构的抗震性能进行研究，目的是建立计算模型，为相关规范的制定提供依据，研究、开发预制混凝土结构的新材料、新技术和新概念，为预制装配式混凝土建筑提供系统科学的设计方案，以满足不同地震设防区的要求。

1.2.2 我国装配式混凝土建筑的发展状况

1. 香港地区的装配式混凝土建筑的发展状况

由于施工场地限制、环境保护要求严格，我国香港地区的装配式建筑应用非常普遍。由香港屋宇署负责制订的预制建筑设计和施工规范很完善，高层住宅都采用叠合楼板、预制楼梯和预制外墙等方式建造，厂房类建筑一般采用装配式框架结构或钢结构建造。

2. 我国台湾地区的装配式混凝土建筑的发展状况

我国台湾地区的装配式混凝土建筑应用也较为普遍，建筑体系和日本、韩国接近，装配式结构的节点连接构造和抗震、隔震技术的研究和应用都很成熟，装配式框架梁柱、预制外墙挂板等构件应用较广泛，预制建筑专业化施工管理水平较高，装配式建筑质量好、工期短的优势得到了充分体现。

3. 大陆地区的装配式混凝土建筑的发展状况

装配式建筑在 20 世纪 50 年代开始进入我国。我国学习苏联和东欧经验，在全国建筑业推行标准化、工业化、机械化、发展预制构件和预制装配建筑，兴起中国第一次建筑工业化高潮。20 世纪 70 年代中期到 80 年代后期，国内大中城市通过大板建筑极大地推进了建筑工业化发展。由于施工速度快，效率高，房型标准规整，工程量已经达到一定的规模。但从总体说来，我国的预制混凝土技术比较落后。由于唐山地震中大量预制混凝土结构遭到破坏，使人们对预制构件的应用更加保守。同时，在引进的基础上，也缺乏消化吸收再创新，研究开发工作没有跟上，所以在实际工程当中出现了一些问题。外墙的防水、防渗技术比较落后，在一些接缝的地方出现渗漏问题。当时的大板施工没有采用构造防水，且使用的防水材料质量不过关，过了两、三年之后容易出现渗漏现象。其尺寸比较单一，住房市场化以后，它的户型难以满足不同的层次和需求。所有这些问题，造成其居住质量和使用功能较差。20 世纪 80 年代中国改革开放以后，建筑行业的劳动力得到了充足的补充，现浇这种建造方式的成本明显下降，现浇方式快捷便捷，再加上劳动力供应充足，所以现浇建筑很快就代替了大板建筑。大板施工法逐渐退出了建筑市场，业内也停止了对预制技术的研究，预制装配技术不得不"被淘汰"。

近年来，由于环境保护、节能减排要求的提高以及劳动力价格上涨因素，推动了装配式混凝土结构的技术发展和进步。技术的进步主要体现在三个方面：一是跟随着与现浇混凝土结构等同的新概念的发展，以及套筒灌浆连接技术、浆锚搭接连接技术等新型的受力钢筋的连接技术的出现，使得现代装配整体式混凝土结构可以具有与现浇混凝土结构等同的整体性能、抗震性能和耐久性能。二是随着吊装机具、施工用支撑系统、大型吊车和运输用车等施工设备和技术长足的进步，使得现代装配式混凝土结构实现了工业化建筑提高质量、提高效率、降低成本的目标。三是各种轻质高效保温材料和耐久性能较好的防水材料在现代装配式混凝土结构中的应用，使其基本上克服了上一代全装配大板居住建筑渗、漏、裂、冷等弊病给居民带来的困扰。

1995 年以后，我国重新提出建筑工业化的口号，并提出了发展和推进住宅产业化的思路。1999 年国务院办公厅出台《关于推进住宅产业现代化提高住宅质量的若干意见》。2012 年财政部和住房城乡建设部联合发布的《关于加快推动我国绿色建筑发展的实施意见》、2013 年国务院办公厅批转的《绿色建筑行动计划》中也明确了要积极推动住宅产业化。

我国装配式建筑在新建建筑的比例也不高，目前尚无权威统计数据，行业粗略统计有 5% 左右和不足 1% 两种流行说法。但是，大力推进装配式建筑和建筑产业化的发展已经成为普遍趋势，已初步形成了"政府推动、企业参与、产业化蓬勃发展"的良好态势。截至 2013 年底，全国累计新开工装配式建筑面积约 1200 万 m²，2014 年当年新开工装配式建筑面积已超过 2000 万 m²。其中保障性安居工程 680 万 m²，占比约三分之一；政府投资公建 192 万 m²，占比接近 10%；商品住宅 1133 万 m²，占比为 55%。2015 年全国新开工的装配式建筑面积大概在 3500 万至 4500 万 m² 之间，近三年新建预制构件厂大概有 100 多个。全国已有 56 个国家住宅产业化基地，11 个住宅产业化试点城市。

装配式建筑的相关技术标准也逐步完善。2014 年，住房城乡建设部出台了行业标准《装配式混凝土结构技术规程》。2015 年 6 月，住房城乡建设部委托中国建筑标准设计研究院完成的我国首个建筑产业现代化国家建筑标准设计体系出台，意味着我国推行产业化建筑首次有了国家标准设计体系。该体系第一次完整而系统地构建了适合于我国发展模式的建筑产业现代化国家建筑标准体系，完善了顶层设计，为我国建筑产业化发展提供了有力的技术支撑。《工业化建筑评价标准》已于 2016 年 1 月 1 日正式实施。该标准作为我国第一部工业化建筑评价标准，明确了如何衡量与定义工业化建筑，对规范我国工业化建筑评价，推进建筑工业化发展，促进传统建造方式向现代工业化建造方式转变，具有重要的引导和规范作用。

全国各地装配式建筑的发展不均衡。北京、上海、深圳等地发展速度较快，有些地方则并非一帆风顺，建成的住宅因价格高和地缘问题无人问津，造成后续项目停滞，企业举步维艰。中国建筑标准设计研究院将各地城市按装配式建筑的发展速度和水平分为三大类。第一类是上海、北京、深圳等发展较快的中心城市。第一类城市是我国最早实施建筑产业化的地区。这些城市房价高、环境保护要求高、建筑业转型升级压力比较大，政府在一定范围内的建设项目中强制推行装配式建筑技术并在政策上给予大力的支持。实施项目包括政府投资的保障性住房和部分商品住宅，并有一定的面积比例要求。由于从开发、设计、加工、施工到政府的监管有一套比较成熟的技术和管理体系，技术体系成熟、人才储备足、支撑企业多，整体发展得比较好。第二类是沈阳、合肥、长沙、济南等发展迅猛的二线城市。第二类城市政策力度大、技术体系相对比较成熟，也有一定的规模。但是对装配式建筑的成本增量比较敏感，项目主要集中在政府投资的保障房中，目前正在探索在商品住宅中推广应用装配式建筑技术。第三类是武汉、福州、厦门、郑州、石家庄、西安、成都、重庆等起步相对较晚的城市。第三类城市，根据国家政策出台了地方扶植政策，但起步相对晚、规模不是很大，目前还处于试点和示范阶段。

政府推动是近年装配式建筑加快发展的一个主要原因。装配式建筑的发展，政策是关键，尤其是地方政策。全国已有 30 多个省市出台了专门的指导意见和相关配套措施，不少地方更是对装配式建筑的发展提出了明确要求。深圳市率先提出，2015 年起全市新出让住宅用地项目和政府投资建设的保障房项目全部使用产业化方式建造，并对存量土地（含城市更新项目）符合要求的项目则给予 3% 的建筑面积奖励和放宽预售要求等优惠政策。北京市目前已出台的预制规程有《装配式剪力墙结构设计规程》（DB 11/1003—2013）、《装配式混凝土结构工程施工与质量验收规程》（DB11/T 1030—2013）、《装配式剪力墙住宅建筑设计规程》（DB11/T 970—2013）、《预制混凝土构件质量检验标准》（DB11/T 968—2013）。北京市规定，到 2015 年，产业化建造方式的住宅达到当年开工建筑面积 30% 以上，新建保障房基本采用产业化方式建造。长沙要求全市 2014～2016 年住宅产业化实施比例分别不低于同期新开工建筑面积的 10%、15% 和 20%；对购买产业化住宅的购房者给予 60 元/m² 的财政补贴。一些企业也积极顺应建筑业转型升级的大趋势，带动住宅产业化加速推进。目前长沙共有国家级住宅产业化生产基地 3 个，包括以预制装配整体式钢筋混凝土结构技术体系为主的远大住工、以钢结构体系为主的远大可建、以 PC 结构体系和以住宅产业现代化生产设备为主的三一集团。

上海市出台了一系列关于装配式建筑的鼓励政策，对上海装配式建筑产业的发展产生了巨大的推动作用，走在全国的前列。上海市 2010 年出台了《装配整体式混凝土住宅体系设计规程》和《装配整体式住宅混凝土构件制作、施工及质量验收规程》。2013 年制定了《装配整体式混凝土结构施工及质量验收规范》和《装配整体式混凝土住宅构造节点图集》以及装配式建筑补充定额，初步形成了不同住宅体系设计、施工、构件制作、竣工验收等规范。2011～2013年，相继出台了《关于加快推进上海住宅产业化的若干意见》、《关于上海鼓励装配整体式住宅项目建设的暂行办法》、《关于上海进一步推进装配式建筑发展的若干意见》，形成了以土地供应为主要抓手，建立了政府主导与企业主体相结合、面上推开与重点推进相结合、制度规定与措施激励相结合的推进制度。以土地供应环节为抓手，要求各区（县）按供地可建住宅面积2013年不低于20%、2014年不低于25%的比例要求落实装配式住宅。对于土地出让或划拨文件中没有要求的住宅项目，形成了预制外墙建筑面积豁免政策；同时，还形成了建筑节能专项资金补贴政策。2014年出台了《上海市绿色建筑发展三年行动计划（2014-2016）》，明确各区县政府在本区域供地面积总量中落实的装配式建筑的建筑面积比例，2015年不少于50%；2016年上海外环线以内符合条件的新建民用建筑原则上全部采用装配式建筑，同时对装配式住宅项目的预售进度以及分层、分阶段验收提出了明确的意见，装配式住宅规模将大幅度提高。目前，上海已经初步搭建了由相关房产企业、设计单位、施工单位、构件生产企业和科研单位组成的装配式住宅上下游产业链企业交流平台，开展产业链技术交流，相关企业之间已形成了互动交流合作的良好局面。对于装配式的要求，在土地出让阶段就要写在合同里，开发商必须落实。要求所有项目规模大于5000m²的新建建筑，不论民建、工建，都必须装配化。从前两、三年的实践看，没有出现后期没有落实的情况。对于土地出让合同中没有要求的住宅项目，形成了预制外墙建筑面积豁免政策，同时结合建筑节能专项扶持资金，给予财政补贴。上海装配式住宅已竣工约60万m²，自2013年8月以后，已落实装配式住宅项目约170万m²，大部分已进入施工阶段。上海城建集团于2011年成立了预制装配式建筑研发中心，以高预制率的框剪结构及剪力墙结构为主，拥有预制装配住宅设计与建造技术体系、全生命周期虚拟仿真建造与信息化管理体系和预制装配式住宅检测及质量安全控制体系三大核心技术体系，建立国内首个装配式建筑标准化部件库，实行BIM信息化集成管理，已实现了利用RFID芯片，以PC构件为主线的预制装配式建筑BIM应用构架的建设工作，并在构件生产制造环节进行了全面的应用实施。目前企业已制定的标准有：《上海城建PC工程技术体系手册》（设计篇、构件制造篇、施工篇）、上海市《装配整体式混凝土住宅体系施工、质量验收规程》、上海市《预制装配式保障房标准户型》。

但上海市前阶段的政策更多着眼于落实装配式建筑比例，明确鼓励措施等，项目进入建设阶段后的一些配套政策还未出台，亟需补充或修改。同时，新的鼓励政策在实践中也出现一些新问题。一是机械地执行装配式面积比例。各区土地出让环节建筑面积不少于20%的装配式住宅的规定，造成政府在土地出让时，将此比例落实到单个地块中，上海大多地块只有5万～10万m²的建筑面积，但有1万～2万m²的建筑面积需采用预制技术进行建造，而这种小规模的建造要求和现浇与预制两种作业方式在现场并存的状况，势必造成成本上升，难以管理等问题。二是奖励政策的局限性。现有的鼓励政策，对在土地出让时已经明确采用装配式技术的地块，不再给予面积奖励，例如一个10万m²建筑面积的地块，装配式比例25%，即有2.5万m²需采用预制技术，则剩余的7.5万m²即使开发商自愿采用预制技术进行建造，也无法享受面积奖励，这既打击了开发企业将预制技术扩大到整个地块的积极性，也与鼓励政策的初衷不符，而且在某种程度上限制了上海市预制建筑面积总量目标的落实。三是高预制率体系无法推广。目前的鼓励政策中，仅在文件中提出了鼓励企业提高预制率的说法，但如何鼓励并没有提出相应的配套措施，实际上造成企业从成本角度出发，只愿意贴着政策规定的预制率下限进行开发。而低预制率与高预制率的技术并不相同，为达到将来预制率不断提高的目的，势必需要采取一定的鼓励政策，鼓励企业开发高预制率建筑，做好相应技术储备。

目前江苏省一些知名的建筑企业，如：江苏中南建筑产业集团 NPC 技术体系，借鉴国外预制混凝土技术，结合我国设计要求，形成了具有自身特色 NPC 技术体系，即竖向结构剪力墙、填充墙等采用全预，水平构造梁、板采用叠合形式。装配式混凝土结构建筑遍布全国多个省份。南京大地集团从法国引进了预制预应力混凝土装配整体形式框架结构体系，结构体系有预制预应力混凝土装配整体形式框架结构，预制预应力混凝土装配整体式框架-剪力墙结构两种。框架结构的预制装配率很高，而框架-剪力墙结构比较低。

1.3　质量控制要点概述

本书通过对装配式混凝土结构工程五个环节的闭合控制，以确保装配式混凝土结构工程的质量。

（1）参建设各方（建设单位、设计单位、施工单位、部品部件生产单位、检测单位、监理单位）质量行为的质量控制；

（2）混凝土结构原材料（钢材、混凝土、集料、外加剂、保温材料、水、电管线、连接件）进场检验检测质量控制；

（3）构件生产（模具、钢筋成型与定位、预埋件预埋管、混凝土配合比、混凝土拌和与浇捣、混凝土养护、混凝土构件出厂检验、部品部件信息化管理与标识）各个环节的质量控制；

（4）装配式混凝土构件安装（混凝土构件、装配式混凝土结构安装、钢筋套筒灌浆和钢筋浆锚连接、装配式混凝土结构连接、室内给水排水工程、建筑电气工程、智能建筑工程、绿色建筑工程）各个环节的质量控制；

（5）装配式混凝土结构工程验收质量控制。

第2章 质量行为控制要点

质量行为是人们（职工）对产品质量、工作质量、服务质量的实际反应或行动，是质量意识和质量情感的外在表现。行为受认知成分和情感成分的影响，又有其独立地位。质量行为直接作用于工作质量、产品质量和服务质量。人的行为是非常复杂的，不仅受意识和情感的制约，而且还受客观环境、生理机制、社会因素等的制约。工程质量的质量行为主要指建设、设计、施工、监理等参建各方在工程建设过程中履行工作职责的表现，对工程质量具有重要影响。目前对工程质量行为有规定的主要是《中华人民共和国建筑法》，《建设工程质量管理条例》等法律法规。

2.1 建设单位

2.1.1 法律相关规定

目前工程质量有关的法律主要是《中华人民共和国建筑法》，对建设单位行为规定主要是宏观方面，具体为：

第九条 建设单位应当自领取施工许可证之日起三个月内开工。因故不能按期开工的，应当向发证机关申请延期；延期以两次为限，每次不超过三个月。既不开工又不申请延期或者超过延期时限的，施工许可证自行废止。

第十条 在建的建筑工程因故中止施工的，建设单位应当自中止施工之日起一个月内，向发证机关报告，并按照规定做好建筑工程的维护管理工作。建筑工程恢复施工时，应当向发证机关报告；中止施工满一年的工程恢复施工前，建设单位应当报发证机关核验施工许可证。

第二十四条 提倡对建筑工程实行总承包，禁止将建筑工程肢解发包。建筑工程的发包单位可以将建筑工程的勘察、设计、施工、设备采购一并发包给一个总承包单位，也可以将建筑工程勘察、设计、施工、设备采购的一项或者多项发包给一个工程总承包单位；但是，不得将应当由一个承包单位完成的建筑工程肢解成若干部分发包给几个承包单位。

第三十一条 实行监理的建筑工程，由建设单位委托具有相应资质条件的工程监理单位监理。建设单位与其委托的工程监理单位应当订立书面委托监理合同。

第三十三条 实施建筑工程监理前，建设单位应当将委托的工程监理单位、监理的内容及监理权限，书面通知被监理的建筑施工企业。

第四十条 建设单位应当向建筑施工企业提供与施工现场相关的地下管线资料，建筑施工企业应当采取措施加以保护。

第五十四条 建设单位不得以任何理由，要求建筑设计单位或者建筑施工企业在工程设计或者施工作业中，违反法律、行政法规和建筑工程质量、安全标准，降低工程质量。

建筑设计单位和建筑施工企业对建设单位违反前款规定提出的降低工程质量的要求，应当予以拒绝。

第七十二条　建设单位违反本法规定，要求建筑设计单位或者建筑施工企业违反建筑工程质量、安全标准，降低工程质量的，责令改正，可以处以罚款；构成犯罪的，依法追究刑事责任。

2.1.2　法规相关规定

与工程质量相关的法规主要是《建设工程质量管理条例》，全面规定了建设单位的质量行为，并对违法行为提出了处罚的相关要求。具体为：

第七条　建设单位应当将工程发包给具有相应资质等级的单位。建设单位不得将建设工程肢解发包。

第八条　建设单位应当依法对工程建设项目的勘察、设计、施工、监理以及与工程建设有关的重要设备、材料等的采购进行招标。

第九条　建设单位必须向有关的勘察、设计、施工、工程监理等单位提供与建设工程有关的原始资料。原始资料必须真实、准确、齐全。

第十条　建设工程发包单位不得迫使承包方以低于成本的价格竞标，不得任意压缩合理工期。

建设单位不得明示或者暗示设计单位或者施工单位违反工程建设强制性标准，降低建设工程质量。

第十一条　建设单位应当将施工图设计文件报县级以上人民政府建设行政主管部门或者其他有关部门审查。施工图设计文件审查的具体办法，由国务院建设行政主管部门会同国务院其他有关部门制定。

施工图设计文件未经审查批准的，不得使用。

第十二条　实行监理的建设工程，建设单位应当委托具有相应资质等级的工程监理单位进行监理，也可以委托具有工程监理相应资质等级并与被监理工程的施工承包单位没有隶属关系或者其他利害关系的该工程的设计单位进行监理。

下列建设工程必须实行监理：

（一）国家重点建设工程；

（二）大中型公用事业工程；

（三）成片开发建设的住宅小区工程；

（四）利用外国政府或者国际组织贷款、援助资金的工程；

（五）国家规定必须实行监理的其他工程。

第十三条　建设单位在领取施工许可证或者开工报告前，应当按照国家有关规定办理工程质量监督手续。

第十四条　按照合同约定，由建设单位采购建筑材料、建筑构配件和设备的，建设单位应当保证建筑材料、建筑构配件和设备符合设计文件和合同要求。

建设单位不得明示或者暗示施工单位使用不合格的建筑材料、建筑构配件和设备。

第十五条　涉及建筑主体和承重结构变动的装修工程，建设单位应当在施工前委托原设计单位或者具有相应资质等级的设计单位提出设计方案；没有设计方案的，不得施工。

房屋建筑使用者在装修过程中，不得擅自变动房屋建筑主体和承重结构。

第十六条　建设单位收到建设工程竣工报告后，应当组织设计、施工、工程监理等有关单位进行竣工验收。

建设工程竣工验收应当具备下列条件：

（一）完成建设工程设计和合同约定的各项内容；

（二）有完整的技术档案和施工管理资料；

（三）有工程使用的主要建筑材料、建筑构配件和设备的进场试验报告；

（四）有勘察、设计、施工、工程监理等单位分别签署的质量合格文件；

（五）有施工单位签署的工程保修书。

建设工程经验收合格的，方可交付使用。

第十七条　建设单位应当严格按照国家有关档案管理的规定，及时收集、整理建设项目各环节的文件资料，建立、健全建设项目档案，并在建设工程竣工验收后，及时向建设行政主管部门或者其他有关部门移交建设项目档案。

第五十四条　违反本条例规定，建设单位将建设工程发包给不具有相应资质等级的勘察、设计、施工单位或者委托给不具有相应资质等级的工程监理单位的，责令改正，处50万元以上100万元以下的罚款。

第五十五条　违反本条例规定，建设单位将建设工程肢解发包的，责令改正，处工程合同价款百分之零点五以上百分之一以下的罚款；对全部或者部分使用国有资金的项目，并可以暂停项目执行或者暂停资金拨付。

第五十六条　违反本条例规定，建设单位有下列行为之一的，责令改正，处20万元以上50万元以下的罚款：

（一）迫使承包方以低于成本的价格竞标的；

（二）任意压缩合理工期的；

（三）明示或者暗示设计单位或者施工单位违反工程建设强制性标准，降低工程质量的；

（四）施工图设计文件未经审查或者审查不合格，擅自施工的；

（五）建设项目必须实行工程监理而未实行工程监理的；

（六）未按照国家规定办理工程质量监督手续的；

（七）明示或者暗示施工单位使用不合格的建筑材料、建筑构配件和设备的；

（八）未按照国家规定将竣工验收报告、有关认可文件或者准许使用文件报送备案的。

第五十七条　违反本条例规定，建设单位未取得施工许可证或者开工报告未经批准，擅自施工的，责令停止施工，限期改正，处工程合同价款百分之一以上百分之二以下的罚款。

第五十八条　违反本条例规定，建设单位有下列行为之一的，责令改正，处工程合同价款百分之二以上百分之四以下的罚款；造成损失的，依法承担赔偿责任：

（一）未组织竣工验收，擅自交付使用的；

（二）验收不合格，擅自交付使用的；

（三）对不合格的建设工程按照合格工程验收的。

第五十九条　违反本条例规定，建设工程竣工验收后，建设单位未向建设行政主管部门或者其他有关部门移交建设项目档案的，责令改正，处 1 万元以上 10 万元以下的罚款。

2.1.3 规章相关规定

与工程质量有关的国家规章主要有《房屋建筑和市政基础设施工程质量监督管理规定》，地方政府也有相应的规章，本部分主要是国家规章，具体为：

第七条 工程竣工验收合格后，建设单位应当在建筑物明显部位设置永久性标牌，载明建设、勘察、设计、施工、监理单位等工程质量责任主体的名称和主要责任人姓名。

2.1.4 规范性文件相关规定

住房城乡建设部出台了不少规范性文件，但与质量行为关系比较密切的主要是《工程质量治理两年行动方案》（建市〔2014〕130 号）和《建筑工程五方责任主体项目负责人质量终身责任追究暂行办法》（建质〔2014〕124 号），对质量行为规定比较明确的是《建筑工程五方责任主体项目负责人质量终身责任追究暂行办法》，相关条款对建设单位的规定为：

第二条 建筑工程五方责任主体项目负责人是指承担建筑工程项目建设的建设单位项目负责人、勘察单位项目负责人、设计单位项目负责人、施工单位项目经理、监理单位总监理工程师。

建筑工程开工建设前，建设、勘察、设计、施工、监理单位法定代表人应当签署授权书，明确本单位项目负责人。

第五条 建设单位项目负责人对工程质量承担全面责任，不得违法发包、肢解发包，不得以任何理由要求勘察、设计、施工、监理单位违反法律法规和工程建设标准，降低工程质量，其违法违规或不当行为造成工程质量事故或质量问题应当承担责任。

第六条 符合下列情形之一的，县级以上地方人民政府住房成乡建设主管部门应当依法追究项目负责人的质量终身责任：

（一）发生工程质量事故；

（二）发生投诉、举报、群体性事件、媒体报道并造成恶劣社会影响的严重工程质量问题；

（三）由于勘察、设计或施工原因造成尚在设计使用年限内建筑工程不能正常使用；

（四）存在其他需追究责任的违法违规行为。

第九条 建筑工程竣工验收合格后，建设单位应当在建筑物明显部位设置永久性标牌，载明建设、勘察、设计、施工、监理单位名称和项目负责人姓名。

第十条 建设单位应当建立建筑工程各方主体项目负责人质量终身责任信息档案，工程竣工验收合格后移交城建档案管理部门。项目负责人质量终身责任信息档案包括下列内容：

（一）建设、勘察、设计、施工、监理单位项目负责人姓名，身份证号码，执业资格，所在单位，变更情况等；

（二）建设、勘察、设计、施工、监理单位项目负责人签署的工程质量终身责任承诺书；

（三）法定代表人授权书。

第十一条　发生本办法第六条所列情形之一的，对建设单位项目负责人按以下方式进行责任追究：

（一）项目负责人为国家公职人员的，将其违法违规行为告知其上级主管部门及纪检监察部门，并建议对项目负责人给予相应的行政、纪律处分；

（二）构成犯罪的，移送司法机关依法追究刑事责任；

（三）处单位罚款数额 5% 以上 10% 以下的罚款；

（四）向社会公布曝光。

2.1.5　装配式建筑的质量行为

装配式建筑的质量行为既有传统建筑相同的一面，即质量行为必须符合传统建筑工程的要求，又要满足装配式建筑的特色要求。建设单位是工程建筑的核心，对工程质量的提高起到关键作用。

1. 质量安全责任

建设单位作为工程的总策划单位，是装配式建筑工程的第一责任人，协调装配式建筑设计、部品部件生产、施工等各方之间的关系，检查落实设计、部品部件生产、施工等环节的工作质量，加强工程建设各个环节的质量管理工作。

为提高工程质量，实现装配式建筑工程的系统管理，应将设计、部品部件生产、施工安装、装饰装修、机电安装等工程纳入总承包管理，提高工程质量，减少衔接环节。

建设单位必须严格遵守工程建设的法律法规和相关规定，不得肢解发包工程，不得指定分包单位，不得违反合同约定提供建筑材料和部品部件。施工图设计文件应委托施工图审查机构进行审查。不得擅自变更审查合格的施工图设计文件，确需变更的，应当按规定程序办理设计变更手续，涉及重大变更，应当委托原施工图审查机构重新进行审查。

建设单位应全面了解装配式建筑技术，应用成熟的装配式部品部件，对以梁、柱主要受力结构构件使用装配式结构的，必须加强质量管理，配备具有相应专业高级工程师以上职称的项目负责人和技术质量负责人，加强节点施工技术质量的管理，确保关键环节，关键节点的施工质量，确保使用安全。

装配式建筑的部品部件加工既有传统预制构件的特点，又有不同，传统的预制构件仅仅是某一结构或构造构件，而装配式建筑的部品部件是包括保温、装饰装修、水电安装、门窗等分项分部工程，是涵盖多个分部的工程，环节多，工序复杂，对单位工程的质量影响大，为此建设单位在委托工程监理时，合同中应明确监理单位在部品部件生产单位驻场监理。

建设单位是工程建设的责任核心，按照相关要求制定工程验收的制度和措施，组织工程建设各方加强部品部件生产和安装等环节的质量验收，特别是要组织人员进行部品部件的首件验收和装配式建筑安装的首段验收。

装配式建筑技术不断在发展，有些技术还在研究探索阶段，不可避免地要使用超出现行规范标准体系的新材料、新技术，所以当在装配式建筑中使用超出现行规范标准体系的新材料、新技术时，建设单位应按相关规定组织专家论证。

2. 质量管理

加强设计变更的管理。涉及装配式建筑中预制装配率、结构体系和部品部件类型、主要受力部品部件的连接方式等设计文件的变更，应委托原施工图审查机构重新进行审查。

严格新技术的管理。装配式混凝土结构建筑工程采用新技术、新材料、新工艺等没有相应技术标准或不符合现行强制性标准规定的，应制定工程实施管理措施，制定验收标准，进行相关检测，并组织专题技术论证，并报省级及以上建设行政主管部门审定后方可应用。

工程质量验收是工程质量控制的主要措施，建设单位应充分发挥组织协调作用，组织监理、设计、施工和部品部件生产单位，识别施工质量的关键工序，关键部位，关键节点，并列出其清单、编制控制专项方案，组织检查专项方案的落实，并组织参建各方的技术质量管理人员对部品部件首件和装配式建筑安装首段进行验收。

装配式建筑的相关信息共享是实现装配式建筑社会监督和政府监督的基础，所以在办理质量监督手续时，应明确装配的形式、预制装配率和部品部件生产单位名称。对于部品部件生产单位在建设单位办理质量监督手续时暂未确定的，应在确定后及时完善相关信息。

2.2 设计单位

2.2.1 法律相关规定

目前与工程质量相关的法律主要是《中华人民共和国建筑法》，对设计单位行为的规定主要为：

第十二条 从事建筑活动的建筑施工企业、勘察单位、设计单位和工程监理单位，应当具备下列条件：

（一）有符合国家规定的注册资本；

（二）有与其从事的建筑活动相适应的具有法定执业资格的专业技术人员；

（三）有从事相关建筑活动所应有的技术装备；

（四）法律、行政法规规定的其他条件。

第十三条 从事建筑活动的建筑施工企业、勘察单位、设计单位和工程监理单位，按照其拥有的注册资本、专业技术人员、技术装备和已完成的建筑工程业绩等资质条件，划分为不同的资质等级，经资质审查合格，取得相应等级的资质证书后，方可在其资质等级许可的范围内从事建筑活动。

第五十六条 建筑工程的勘察、设计单位必须对其勘察、设计的质量负责。勘察、设计文件应当符合有关法律、行政法规的规定和建筑工程质量、安全标准、建筑工程勘察、设计技术规范以及合同的约定。设计文件选用的建筑材料、建筑构配件和设备，应当注明其规格、型号、性能等技术指标，其质量要求必须符合国家规定的标准。

第七十三条 建筑设计单位不按照建筑工程质量、安全标准进行设计的，责令改正，处以罚款；造成工程质量事故的，责令停业整顿，降低资质等级或者吊销资质证书，没收违法所得，并处罚款；造成损失的，承担赔偿责任；构成犯罪的，依法追究刑事责任。

2.2.2　法规相关规定

与设计单位行为有关的法规有《建设工程勘察设计管理条例》和《建设工程质量管理条例》，《建设工程勘察设计管理条例》主要是针对设计资质、设计任务的完成、设计的转包和发包等进行规定，而针对工程质量行为的主要是《建设工程质量管理条例》，所以仅仅对《建设工程质量管理条例》相关设计的要求进行摘录，具体为：

第十八条　从事建设工程勘察、设计的单位应当依法取得相应等级的资质证书，并在其资质等级许可的范围内承揽工程。

禁止勘察、设计单位超越其资质等级许可的范围或者以其他勘察、设计单位的名义承揽工程。禁止勘察、设计单位允许其他单位或者个人以本单位的名义承揽工程。

勘察、设计单位不得转包或者违法分包所承揽的工程。

第十九条　勘察、设计单位必须按照工程建设强制性标准进行勘察、设计，并对其勘察、设计的质量负责。

注册建筑师、注册结构工程师等注册执业人员应当在设计文件上签字，对设计文件负责。

第二十条　勘察单位提供的地质、测量、水文等勘察成果必须真实、准确。

第二十一条　设计单位应当根据勘察成果文件进行建设工程设计。

设计文件应当符合国家规定的设计深度要求，注明工程合理使用年限。

第二十二条　设计单位在设计文件中选用的建筑材料、建筑构配件和设备，应当注明规格、型号、性能等技术指标，其质量要求必须符合国家规定的标准。

除有特殊要求的建筑材料、专用设备、工艺生产线等外，设计单位不得指定生产厂、供应商。

第二十三条　设计单位应当就审查合格的施工图设计文件向施工单位作出详细说明。

第二十四条　设计单位应当参与建设工程质量事故分析，并对因设计造成的质量事故，提出相应的技术处理方案。

2.2.3　规范性文件相关规定

住房城乡建设部出台了不少规范性文件，但与质量行为关系比较密切的主要是《工程质量治理两年行动方案》（建市〔2014〕130号）和《建筑工程五方责任主体项目负责人质量终身责任追究暂行办法》（建质〔2014〕124号），对质量行为规定比较明确的是《建筑工程五方责任主体项目负责人质量终身责任追究暂行办法》，相关条款对设计单位的规定为：

第二条　建筑工程五方责任主体项目负责人是指承担建筑工程项目建设的建设单位项目负责人、勘察单位项目负责人、设计单位项目负责人、施工单位项目经理、监理单位总监理工程师。

建筑工程开工建设前，建设、勘察、设计、施工、监理单位法定代表人应当签署授权书，明确本单位项目负责人。

第五条　勘察、设计单位项目负责人应当保证勘察设计文件符合法律法规和工程建设强制性标准的要求，对因勘察、设计导致的工程质量事故或质量问题承担责任。

第六条 符合下列情形之一的，县级以上地方人民政府住房成乡建设主管部门应当依法追究项目负责人的质量终身责任：

（一）发生工程质量事故；

（二）发生投诉、举报、群体性事件、媒体报道并造成恶劣社会影响的严重工程质量问题；

（三）由于勘察、设计或施工原因造成尚在设计使用年限内约建筑工程不能正常使用；

（四）存在其他需追究责任的违法违规行为。

第十条 项目负责人质量终身责任信息档案包括下列内容：

（一）建设、勘察、设计、施工、监理单位项目负责人姓名，身份证号码，执业资格，所在单位，变更情况等；

（二）建设、勘察、设计、施工、监理单位项目负责人签署的工程质量终身责任承诺书；

（三）法定代表人授权书。

第十二条 发生本办法第六条所列情形之一的，对勘察单位项目负责人、设计单位项目负责人按以下方式进行责任追究：

（一）项目负责人为注册建筑师、勘察设计注册工程师的，责令停止执业1年；造成重大质量事故的，吊销执业资格证书，5年以内不予注册；情节特别恶劣的，终身不予注册；

（二）构成犯罪的，移送司法机关依法追究刑事责任；

（三）处单位罚款数额5%以上10%以下的罚款；

（四）向社会公布曝光。

2.2.4 装配式建筑的质量行为

1. 质量责任

（1）设计单位应当按照现行相关法规和工程建设标准完成施工图设计文件。施工图设计文件中，涉及装配式建筑设计的专业，其设计说明及图纸应有装配式建筑专项设计内容，设计文件编制深度应符合国家及省市有关规定的要求。

（2）采用可能影响建设工程质量和安全的新技术、新材料、新结构，又没有国家、行业和地方技术标准的，应当由国家认可的检测机构进行试验、论证，出具检测报告，并经国务院有关部门或者省建设行政主管部门组织的建设工程技术专家委员会审定后，方可使用，并在设计文件中提出保障施工作业人员安全和预防生产安全事故的措施建议。

（3）预制构件加工图可由施工图设计单位设计，也可由其他具有相应设计资质的单位设计。主体建筑设计单位应对预制构件加工图进行审核，确保其荷载、连接以及对主体结构的影响均符合主体结构设计的要求。审核结果应由项目负责人和相关专业负责人签字确认，并盖单位公章。

（4）审查合格的施工图设计文件应向部品部件生产单位、施工单位和监理单位进行设计交底，并参与装配式建筑专项施工方案的讨论。

（5）应参与装配式建筑工程有关质量安全、主要使用功能问题及事故的原因分析，并参与制定相应技术处理方案。

（6）设计文件应明确部品部件的性能检测要求。

2. 质量管理

设计是质量的基础，所以设计文件应明确结构类型、部品部件的分布、种类和技术要求、专业管线的预埋预留、部品部件制作的脱模和翻转、受力部品部件之间和非受力部品部件之间连接构造、部品部件与现浇部件之间连接节点构造及装配式建筑吊装、临时支撑、安全防护设施等内容。

对于装配式建筑，设计文件除满足常规建筑的要求外。还应编制装配式混凝土结构建筑工程设计说明专篇，明确竖向承重部品部件的受力钢筋采用钢筋套筒灌浆等连接方式；外挂墙板的接缝及门窗等部位采用构造防水为主、材料防水为辅的做法；明确夹心保温墙体中内外叶拉接件的承载力、变形能力和耐久性参数。

进行设计技术交底是设计单位的基本职责，装配式建筑特别强调设计单位对设计意图、部品部件的拆分与合并、新技术的工艺、生产制作、吊装定位、灌浆和外墙防水中难点、疑点等内容向建设、监理、施工和部品部件生产单位进行交底。

2.3　施工单位

2.3.1　法律相关规定

目前工程质量有关的法律主要是《中华人民共和国建筑法》，对施工单位行为规定主要是宏观方面，具体为：

第十二条　从事建筑活动的建筑施工企业、勘察单位、设计单位和工程监理单位，应当具备下列条件：

（一）有符合国家规定的注册资本；

（二）有与其从事的建筑活动相适应的具有法定执业资格的专业技术人员；

（三）有从事相关建筑活动所应有的技术装备；

（四）法律、行政法规规定的其他条件。

第十三条　从事建筑活动的建筑施工企业、勘察单位、设计单位和工程监理单位，按照其拥有的注册资本、专业技术人员、技术装备和已完成的建筑工程业绩等资质条件，划分为不同的资质等级，经资质审查合格，取得相应等级的资质证书后，方可在其资质等级许可的范围内从事建筑活动。

第二十六条　承包建筑工程的单位应当持有依法取得的资质证书，并在其资质等级许可的业务范围内承揽工程。禁止建筑施工企业超越本企业资质等级许可的业务范围或者以任何形式用其他建筑施工企业的名义承揽工程。禁止建筑施工企业以任何形式允许其他单位或者个人使用本企业的资质证书、营业执照，以本企业的名义承揽工程。

第五十五条　建筑工程实行总承包的，工程质量由工程总承包单位负责，总承包单位将建筑工程分包给其他单位的，应当对分包工程的质量与分包单位承担连带责任。分包单位应当接受总承包单位的质量管理。

第五十八条　建筑施工企业对工程的施工质量负责。建筑施工企业必须按照工程设计图纸和施工技术标准施工，不得偷工减料。工程设计的修改由原设计单位负责，建筑施工企业不得擅自修改工程设计。

第五十九条　建筑施工企业必须按照工程设计要求、施工技术标准和合同的约定，对建筑材料、建筑构配件和设备进行检验，不合格的不得使用。

第七十四条　建筑施工企业在施工中偷工减料的，使用不合格的建筑材料、建筑构配件和设备的，或者有其他不按照工程设计图纸或者施工技术标准施工的行为的，责令改正，处以罚款；情节严重的，责令停业整顿，降低资质等级或者吊销资质证书；造成建筑工程质量不符合规定的质量标准的，负责返工、修理，并赔偿因此造成的损失；构成犯罪的，依法追究刑事责任。

2.3.2　法规相关规定

与工程质量相关的法规主要是《建设工程质量管理条例》，全面规定了施工单位的质量行为，并对违法行为提出了处罚的相关要求。具体为：

第二十五条　施工单位应当依法取得相应等级的资质证书，并在其资质等级许可的范围内承揽工程。

禁止施工单位超越本单位资质等级许可的业务范围或者以其他施工单位的名义承揽工程。禁止施工单位允许其他单位或者个人以本单位的名义承揽工程。

施工单位不得转包或者违法分包工程。

第二十六条　施工单位对建设工程的施工质量负责。

施工单位应当建立质量责任制，确定工程项目的项目经理、技术负责人和施工管理负责人。

建设工程实行总承包的，总承包单位应当对全部建设工程质量负责；建设工程勘察、设计、施工、设备采购的一项或者多项实行总承包的，总承包单位应当对其承包的建设工程或者采购的设备的质量负责。

第二十七条　总承包单位依法将建设工程分包给其他单位的，分包单位应当按照分包合同的约定对其分包工程的质量向总承包单位负责，总承包单位与分包单位对分包工程的质量承担连带责任。

第二十八条　施工单位必须按照工程设计图纸和施工技术标准施工，不得擅自修改工程设计，不得偷工减料。

施工单位在施工过程中发现设计文件和图纸有差错的，应当及时提出意见和建议。

第二十九条　施工单位必须按照工程设计要求、施工技术标准和合同约定，对建筑材料、建筑构配件、设备和商品混凝土进行检验，检验应当有书面记录和专人签字；未经检验或者检验不合格的，不得使用。

第三十条　施工单位必须建立、健全施工质量的检验制度，严格工序管理，作好隐蔽工程的质量检查和记录。隐蔽工程在隐蔽前，施工单位应当通知建设单位和建设工程质量监督机构。

第三十一条　施工人员对涉及结构安全的试块、试件以及有关材料，应当在建设单位或者工程监理单位监督下现场取样，并送具有相应资质等级的质量检测单位进行检测。

第三十二条　施工单位对施工中出现质量问题的建设工程或者竣工验收不合格的建设工程，应当负责返修。

第三十三条　施工单位应当建立、健全教育培训制度，加强对职工的教育培训；未经教育培训或者考核不合格的人员，不得上岗作业。

2.3.3　规范性文件相关规定

住房城乡建设部出台了不少规范性文件，但与质量行为关系比较密切的主要是《工程质量治理两年行动方案》建市〔2014〕130 号和《建筑工程五方责任主体项目负责人质量终身责任追究暂行办法》建质〔2014〕124 号，对质量行为规定比较明确的是《建筑工程五方责任主体项目负责人质量终身责任追究暂行办法》，相关条款对施工单位的规定为：

第二条　建筑工程五方责任主体项目负责人是指承担建筑工程项目建设的建设单位项目负责人、勘察单位项目负责人、设计单位项目负责人、施工单位项目经理、监理单位总监理工程师。

建筑工程开工建设前，建设、勘察、设计、施工、监理单位法定代表人应当签署授权书，明确本单位项目负责人。

第五条　施工单位项目经理应当按照经审查合格的施工图设计文件和施工技术标准进行施工，对因施工导致的工程质量事故或质量问题承担责任。

第六条　符合下列情形之一的，县级以上地方人民政府住房成乡建设主管部门应当依法追究项目负责人的质量终身责任：

（一）发生工程质量事故；

（二）发生投诉、举报、群体性事件、媒体报道并造成恶劣社会影响的严重工程质量问题；

（三）由于勘察、设计或施工原因造成尚在设计使用年限内约建筑工程不能正常使用；

（四）存在其他需追究责任的违法违规行为。

第十条　建设单位应当建立建筑工程各方主体项目负责人质量终身责任信息档案，工程竣工验收合格后移交城建档案管理部门。项目负责人质量终身责任信息档案包括下列内容：

（一）建设、勘察、设计、施工、监理单位项目负责人姓名，身份证号码，执业资格，所在单位，变更情况等；

（二）建设、勘察、设计、施工、监理单位项目负责人签署的工程质量终身责任承诺书；

（三）法定代表人授权书

第十三条　发生本办法第六条所列情形之一的，对施工单位项目经理按以下方式进行责任追究：

（一）项目经理为相关注册执业人员的，责令停止执业 1 年；造成重大质量事故的，吊销执业资格证书，5 年以内不予注册；情节特别恶劣的，终身不予注册；

（二）构成犯罪的，移送司法机关依法追究刑事责任；

（三）处单位罚款数额 5% 以上 10% 以下的罚款；

（四）向社会公布曝光。

2.3.4　装配式建筑的管理

1. 质量行为

质量保证体系是保证装配式建筑工程质量的管理基础，质量保证体系应能有效运行，且能检查考核。施工单位应根据装配式建筑的特点建立单位和工程项目质量安全保证体系，建立部品部件进场验收、连接节点质量控制、首段验收等内部质量控制管理体系和相关制度。

装配式建筑主要特点是部品部件生产过程将同步完成结构、装修、水电安装、保温等工程的施工，所以装配式建筑的深化设计非常重要，施工单位应根据设计文件要求，配合部品部件生产单位进行节点连接构造及水、电、装修集成等的深化设计，对部品部件生产深化设计文件进行会审，并报原设计单位审核。

施工组织设计是对工程实施的总体策划，对进度、质量、成本、安全等目标提出具体要求，是施工的纲领性文件。施工单位应认真编写施工组织设计和相应的质量、安全专项施工方案，按照内部审查程序审查结束后并报监理单位审批。

对于应用的技术是相关质量标准无检测、验收的相关内容或对检测和验收不明确的，这类质量专项方案和尚无相关技术标准的专用施工操作平台、高处临边作业防护设施等超过一定规模的危险性较大的分部分项工程的安全专项方案，应按规定进行专家论证。

技术交底是落实施工组织设计和专项方案的重要途径，交底落实与否直接影响工程质量，施工单位的技术人员应根据质量安全的专项方案相关内容向施工操作人员进行技术交底，并形成相关交底记录。

装配式建筑的工程质量的本质是部品部件的质量，加强其质量管理是控制工程质量的关键。施工单位必须审核部品部件生产企业的质量保证体系和部品部件生产专项方案，配合监理单位实施驻厂监理，对部品部件的质量性能和安全性进行检查验收，并形成可追溯的文档记录资料。

安装是装配式建筑的关键工序，特别连接节点是重中之重，为控制安装质量，首先应对首段施工质量安全进行专项检查验收，根据首段施工情况完善专项施工方案。施工过程中对关键工序、关键部位进行全程摄像，影像资料应进行统一编号、存档。

2. 质量管理

装配式建筑质量管理的首要环节是对部品部件质量管理，部品部件质量管理包括部品部件的场内运输及堆放；其次是施工过程的施工测量；再次就是部品部件之间以及部品部件与现浇结构之间的连接节点的部灌浆，部品部件吊装就位及临时固定，吊装层间隔、外围护部品部件接缝处密封防水、各专业管线布置、检测和验收等环节，质量控制应编制专项施工和质量风险源控制方案，审核批准后实施。

项目技术负责人应就质量控制的各个环节及专项施工和质量风险源控制方案，包括吊装顺序、部品部件定位调整及临时固定，现浇构件钢筋位置与预制构件孔位偏差、灌浆堵管（孔）等质量问题处理，外墙板接缝防水施工，灌浆压力速度和稳压时间、出浆口的检查封堵和保护等内容向施工管理及操作人员进行技术交底。

部品部件进场应核对所用原材料、配件等的质量证明文件及部品部件生产过程的验收检测文件等质量控制资料进行核对检查，对进场部品部件的标识、外观质量、尺寸偏差、预埋件数量和位置偏差、插筋的规格数量和锚固长度、预埋管线以及灌浆套筒的预留位置、套筒内杂质、注浆孔通透性、叠合面的粗糙度等质量应进行检查验收，并形成记录。

2.4　部品部件生产单位

目前与工程质量有关的法律主要是《中华人民共和国建筑法》,《建设工程质量管理条例》等,法律法规对部品部件生产单位的质量责任没有具体要求,住房城乡建设部也没有出台这方面的具体文件,但作为装配式建筑工程质量的基础部品部件,生产单位应有质量责任。

2.4.1　规范性文件相关规定

住房城乡建设部出台了不少规范性文件,但与质量行为关系比较密切的主要是《工程质量治理两年行动方案》(建市〔2014〕130 号)和《建筑工程五方责任主体项目负责人质量终身责任追究暂行办法》(建质〔2014〕124 号),对质量行为规定比较明确的是《建筑工程五方责任主体项目负责人质量终身责任追究暂行办法》,相关条款对建设单位的规定为:

第十条　建设单位应当建立建筑工程各方主体项目负责人质量终身责任信息档案,工程竣工验收合格后移交城建档案管理部门。项目负责人质量终身责任信息档案包括下列内容:

(一)建设、勘察、设计、施工、监理单位项目负责人姓名,身份证号码,执业资格,所在单位,变更情况等;

(二)建设、勘察、设计、施工、监理单位项目负责人签署的工程质量终身责任承诺书;

(三)法定代表人授权书。

2.4.2　装配式建筑的管理

1. 质量行为

部品部件生产单位是装配式建筑质量管理的基础,其行为规范与否直接影响到部品部件的质量性能,对装配式建筑的使用安全和寿命产生主要影响。部品部件生产单位对部品部件质量负责,因部品部件质量问题导致的质量事故由其生产单位承担。部品部件生产单位应建立原材料质量检验、技术交底、部品部件生产、出厂检验等环节的质量控制制度,建立可追溯的质量安全信息管理系统,完善质量保证体系,积极开展质量管理体系认证,确保部品部件生产过程的质量管理到位,措施有效。

部品部件生产是对结构构件相关的装修、水电等工程一并集成生产,所以根据施工设计文件和施工单位对节点连接构造及水、电、装修集成等深化设计要求,进行加工制作的深化设计就尤为重要,是提高部品部件加工质量的主要技术措施,同时深化设计报施工单位进行审查,报设计单位进行审核批准。

部品部件生产方案及计划是生产工艺和生产过程质量控制的指导性文件,也是产业工人和生产质量管理人员在工作中共同执行的行为准则,部品部件生产单位应组织相关技术人员,根据深化设计文件,编制部品部件生产方案及计划,按照方案审查程序进行审查,并报监理机构由相关监理人员批准后实施。在方案实施过程中,部品部件生产单位应配合施工单位及监理单位驻厂人员开展相关检查工作，生产过程按照工程管理的程序要求，通知施工单位和监理单位驻厂人员检查验收。

装配式建筑是建筑产业化的标志，体现现代化的管理理念和管理措施，从各种原材料进场到部品部件出厂必须建立可追溯的信息管理系统，信息管理系统应包括：原材料的品种、规格、性能及检验验收的相关信息，设计信息、生产过程的隐蔽验收及检验信息、成品的质量检验信息、出厂检验信息、延伸工地吊装工程等信息。

部品部件生产单位对其终身质量负责，所以根据相关文件规定应出具"部品部件质量法人代表终身责任承诺书"。

2. 质量管理

深化设计是部品部件质量控制的基础，深化设计的质量直接影响部品部件生产的质量，主要对部品部件平面图（含部品部件编号、节点索引、明细表等）、模板图、配筋图、水电安装图、预埋件及细部构造、饰面板材排版、夹心外墙板内外叶拉接件布置、保温板排版、脱模及翻转过程中混凝土强度验算等方面进行集成和深化设计，确保生产过程各环节有效衔接，防止遗漏或错误，深化设计应认真审核，反复核对，报施工单位进行审查，确保无误后报原设计单位审核批准后实施。

部品部件生产制作方案是部品部件生产加工操作性文件，对部品部件加工质量具有重要的影响。内容包含部品部件生产工艺、模具方案、生产计划、技术质量控制措施、成品保护措施、检测验收、堆放及运输、质量常见问题防治等，部品部件生产制作方案按照相关程序进行内部审核，并经驻厂监理或委托加工单位驻厂人员审核批准后实施。为有效落实部品部件制作方案，在部品部件生产前，技术负责人应对模具安装、钢筋安装、混凝土浇筑、养护、脱模等关键工序、关键部位的施工工艺，向操作人员交底，让具体生产人员熟悉掌握方案的要求，以便熟练进行生产，保证生产质量。

生产过程首先应进行模具检查。模具除满足混凝土浇筑、振捣、养护、脱模、翻转等要求的强度、刚度和稳定性外，还应满足预埋管线、预留孔洞、插筋、吊件、固定件等定位要求。其次加强钢筋、拉接件、预埋件等安装的质量检查，其规格、数量、型号应符合设计要求，预埋件、预留钢筋或连接套筒等的定位应采用模块化的定位工具，同时套筒接头应严格按照《钢筋机械连接技术规程》（JGJ 107）要求进行丝头加工、接头连接，保护封堵。第三混凝土浇筑前应进行验收，主要验收内容包括模具、垫块、外装饰材料、支架、钢筋、连接套筒、拉接件、预埋件、吊具、预留孔洞等，检查所用原材料的质量是否合格，规格、型号和数量是否与设计文件一致，安装的位置是否符合设计和规范要求，验收由部品部件生产单位自验，然后报委托加工单位的驻厂代表和监理单位驻厂代表检查验收，并形成隐蔽验收记录并留取影像资料。第四部品部件生产单位的质量技术人员检查混凝土浇捣的质量。混凝土应均匀连续浇筑，保证模具、门窗框、预埋件、连接件不发生变形或者移位，采用立模浇筑时要有保证浇筑质量的专项措施。混凝土浇捣完成后，检查混凝土养护措施是否到位，混凝土采用蒸汽养护时，应制定养护措施，对预养时间、升温速度及最高温度进行控制。第五检查部品部件脱模的控制。应严格按照顺序拆除模具，不得使用振动方式拆模。第六检查控制翻身起吊。当混凝土同条件养护试块抗压强度满足设计时，方可起吊。复杂部品部件进行起吊前，吊点和吊具应进行专门设计。第六对部品部件的堆放场地进行管理和控制。部品部件堆放时，场地应平整，设置排水设施，吊环朝上，标识朝向一致，每层部品部件间的垫块应上下对齐，堆垛层数应根据部品部件、垫块的承载力确定，并采取防止堆垛倾覆的措施。

出厂时，应加强部品部件出厂质量验收。验收主要检查以下内容：首先检查制作详图、原材料合格证和复试报告、原始记录、隐蔽验收记录、技术处理方案、工艺检验、实体检验和型式检验报告等质量控制资料是否齐全，其结果是否符合要求，符合要求的控制资料作为合格证的附件交付施工单位。其次检查部品部件生产合格证明文件，合格证明文件应具有生产企业名称、部品部件名称、型号及编号、产品数量、质量状况、生产和出厂日期、检验员和质量负责人签名，企业印章等内容。第三进一步对部品部件的外观、尺寸、预埋件、插筋、叠合面粗糙度和凹凸深度的质量进行检查，确认是否符合设计文件和标准要求，部品部件上应标明项目名称、楼栋号、层次、编号。第四部品部件应埋设记录项目名称、生产单位名称、设计文件、生产和出厂日期、检测报告、验收记录等质量信息的芯片及二维码。

2.5　监理单位

2.5.1　法律相关规定

目前工程质量有关的法律主要是《中华人民共和国建筑法》，对监理单位行为规定主要条文为：

第十二条　从事建筑活动的建筑施工企业、勘察单位、设计单位和工程监理单位，应当具备下列条件：

（一）有符合国家规定的注册资本；

（二）有与其从事的建筑活动相适应的具有法定执业资格的专业技术人员；

（三）有从事相关建筑活动所应有的技术装备；

（四）法律、行政法规规定的其他条件。

第十三条　从事建筑活动的建筑施工企业、勘察单位、设计单位和工程监理单位，按照其拥有的注册资本、专业技术人员、技术装备和已完成的建筑工程业绩等资质条件，划分为不同的资质等级，经资质审查合格，取得相应等级的资质证书后，方可在其资质等级许可的范围内从事建筑活动。

第三十二条　建筑工程监理应当依照法律、行政法规及有关的技术标准、设计文件和建筑工程承包合同，对承包单位在施工质量、建设工期和建设资金使用等方面，代表建设单位实施监督。工程监理人员认为工程施工不符合工程设计要求、施工技术标准和合同约定的，有权要求建筑施工企业改正。

工程监理人员发现工程设计不符合建筑工程质量标准或者合同约定的质量要求的，应当报告建设单位要求设计单位改正。

第三十四条　工程监理单位应当在其资质等级许可的监理范围内，承担工程监理业务。工程监理单位应当根据建设单位的委托，客观、公正地执行监理任务。

工程监理单位与被监理工程的承包单位以及建筑材料、建筑构配件和设备供应单位不得有隶属关系或者其他利害关系。最新中国合同示范文本工程监理单位不得转让工程监理业务。

第三十五条　工程监理单位不按照委托监理合同的约定履行监理义务，对应当监督检查的项目不检查或者不按照规定检查，给建设单位造成损失的，应当承担相应的赔偿责任。

工程监理单位与承包单位串通，为承包单位谋取非法利益，给建设单位造成损失的，应当与承包单位承担连带赔偿责任。

第六十九条　工程监理单位与建设单位或者建筑施工企业串通，弄虚作假、降低工程质量的，责令改正，处以罚款，降低资质等级或者吊销资质证书；有违法所得的，予以没收；造成损失的，承担连带赔偿责任；构成犯罪的，依法追究刑事责任。工程监理单位转让监理业务的，责令改正，没收违法所得，可以责令停业整顿，降低资质等级；情节严重的，吊销资质证书。

2.5.2　法规相关规定

与工程质量相关的法规主要是《建设工程质量管理条例》，全面规定了监理单位的质量行为，并对违法行为提出了处罚的相关要求。具体为：

第三十四条　工程监理单位应当依法取得相应等级的资质证书，并在其资质等级许可的范围内承担工程监理业务。

禁止工程监理单位超越本单位资质等级许可的范围或者以其他工程监理单位的名义承担工程监理业务。禁止工程监理单位允许其他单位或者个人以本单位的名义承担工程监理业务。

工程监理单位不得转让工程监理业务。

第三十五条　工程监理单位与被监理工程的施工承包单位以及建筑材料、建筑构配件和设备供应单位有隶属关系或者其他利害关系的，不得承担该项建设工程的监理业务。

第三十六条　工程监理单位应当依照法律、法规以及有关技术标准、设计文件和建设工程承包合同，代表建设单位对施工质量实施监理，并对施工质量承担监理责任。

第三十七条　工程监理单位应当选派具备相应资格的总监理工程师和监理工程师进驻施工现场。

未经监理工程师签字，建筑材料、建筑构配件和设备不得在工程上使用或者安装，施工单位不得进行下一道工序的施工。未经总监理工程师签字，建设单位不拨付工程款，不进行竣工验收。

第三十八条　监理工程师应当按照工程监理规范的要求，采取旁站、巡视和平行检验等形式，对建设工程实施监理。

2.5.3　规范性文件相关规定

住房城乡建设部出台了不少规范性文件，但与质量行为关系比较密切的主要是《工程质量治理两年行动方案》（建市〔2014〕130号）和《建筑工程五方责任主体项目负责人质量终身责任追究暂行办法》（建质〔2014〕124号），对质量行为规定比较明确的是《建筑工程五方责任主体项目负责人质量终身责任追究暂行办法》，相关条款对监理单位的规定为：

第二条　建筑工程五方责任主体项目负责人是指承担建筑工程项目建设的建设单位项目负责人、勘察单位项目负责人、设计单位项目负责人、施工单位项目经理、监理单位总监理工程师。

建筑工程开工建设前，建设、勘察、设计、施工、监理单位法定代表人应当签署授权书，明确本单位项目负责人。

第五条　监理单位总监理工程师应当按照法律法规、有关技术标准、计文件和工程承包合同进行监理，对施工质量承担监理责任。

第六条　符合下列情形之一的，县级以上地方人民政府住房成乡建设主管部门应当依法追究项目负责人的质量终身责任：

（一）发生工程质量事故；

（二）发生投诉、举报、群体性事件、媒体报道并造成恶劣社会影响的严重工程质量问题；

（三）由于勘察、设计或施工原因造成尚在设计使用年限内约建筑工程不能正常使用；

（四）存在其他需追究责任的违法违规行为。

第十条　建设单位应当建立建筑工程各方主体项目负责人质量终身责任信息档案，工程竣工验收合格后移交城建档案管理部门。项目负责人质量终身责任信息档案包括下列内容：

（一）建设、勘察、设计、施工、监理单位项目负责人姓名，身份证号码，执业资格，所在单位，变更情况等；

（二）建设、勘察、设计、施工、监理单位项目负责人签署的工程质量终身责任承诺书；

（三）法定代表人授权书。

第十四条　发生本办法第六条所列情形之一的，对监理单位总监理工程师按以下方式进行责任追究：

（一）责令停止注册监理工程师执业 1 年；造成重大质量事故的，吊销执业资格证书，5 年以内不予注册；情节特别恶劣的，终身不予注册；

（二）构成犯罪的，移送司法机关依法追究刑事责任；

（三）处单位罚款数额 5% 以上 10% 以下的罚款；

（四）向社会公布曝光。

2.5.4　装配式建筑的管理

1. 质量行为

监理细则是监理工作的操作性文件，编写过程中必须熟悉图纸的相关内容，了解装配式建筑的主要技术和工艺要求，并依据设计文件及相关规范编制装配式建筑工程专项监理实施细则，装配式建筑工程质量的关键是部品部件的质量，对部品部件生产实施全过程进行驻厂监理，按照驻厂监理方案全面实施监理，并是控制部品部件质量的主要措施。

驻场监理实施的首要工作是审核部品部件生产单位及施工单位的质保体系，审核装配式建筑部品部件生产和施工安装专项方案，并检查在部品部件生产过程中的质量保证体系运行和专项方案执行情况。

坚持对进场部品部件、试拼装及首段装配结构吊装等验收检查是监理工作的主要质量控制任务，重点是加强装配结构与其下部现浇结构、部品部件之间等连接节点的检查验收，加强吊装、套筒灌浆、坐浆、后浇混凝土等施工过程的检查和旁站，加强外围护部品部件密封防水等重要使用功能的检查验收，充分运用旁站、巡视和平行检验等监理措施，实现对装配式建筑工程质量的全面控制，检查督促施工单位对安装过程的重点环节和部位实施全程摄像。

预防、减少、甚至杜绝质量安全事故是工程质量管理的首要目标，监理应加强质量安全隐患的检查，对发现存在质量安全事故隐患的，应立即责令整改；情况严重的，应责令暂时停止施工。拒不整改的或不停止施工的，监理应及时向建设单位和有关主管部门报告，通过建设单位和有关主管部门督促施工单位进行整改。

2. 质量管理

加强部品部件生产过程质量的管理工作。首先进行钢筋、水泥或混凝土、保温材料、预留预埋部件、拉接件等主要原材料的质量验收，检查外观质量，核对质量证明文件和相关检测报告，比对设计文件，判定原材料的质量性能是否符合设计要求，在此基础上，进行取样复试，合格后签署验收相关文件，同时对灌浆套筒连接接头、混凝土试块、结构实体、结构性能等进行见证检验；

对钢筋加工及安装、混凝土的制作和养护等进行巡视检查；对外墙夹心板的连接件安装、保温板安装、混凝土浇筑过程等进行旁站，对部品部件进行验收并形成相应验收文件。

部品部件的安装过程主要核查专项方案落实、施工管理人员及灌浆等作业人员的培训情况，并对吊装、灌浆、坐浆、现浇混凝土、外墙密封防水等关键工序、关键部位实施旁站和平行检验，形成相应验收文件；对灌浆料、坐浆料、外墙密封胶、灌浆套筒的工艺、连接接头的抗拉强度、灌浆密实度等进行见证检验。

2.6 总包单位

2.6.1 法律相关规定

目前与工程质量有关的法律主要是《中华人民共和国建筑法》，对总包单位行为规定不很具体，相对比较少。具体为：

第五十五条 建筑工程实行总承包的，工程质量由工程总承包单位负责，总承包单位将建筑工程分包给其他单位的，应当对分包工程的质量与分包单位承担连带责任。分包单位应当接受总承包单位的质量管理。

2.6.2 法规相关规定

与工程质量相关的法规主要是《建设工程质量管理条例》，全面规定了无方责任主体的质量行为，没有针对总包单位的具体条款，但在施工单位的规定中有相关总包单位的内容。具体为：

第二十六条 施工单位对建设工程的施工质量负责。

施工单位应当建立质量责任制，确定工程项目的项目经理、技术负责人和施工管理负责人。

建设工程实行总承包的，总承包单位应当对全部建设工程质量负责；建设工程勘察、设计、施工、设备采购的一项或者多项实行总承包的，总承包单位应当对其承包的建设工程或者采购的设备的质量负责。

第二十七条　总承包单位依法将建设工程分包给其他单位的，分包单位应当按照分包合同的约定对其分包工程的质量向总承包单位负责，总承包单位与分包单位对分包工程的质量承担连带责任。

2.6.3　相关文件的规定

目前工程总承包模式在鼓励阶段，没有总承包实施的具体文件，主要是相关的指导或推进意见。

1. 国务院办公厅关于大力发展装配式建筑的指导意见（国办发［2016］71 号）

（十）推行工程总承包。装配式建筑原则上应采用工程总承包模式，可按照技术复杂类工程项目招标投标。工程总承包企业要对工程质量、安全、进度、造价负总责。要健全与装配式建筑总承包相适应的发包承包、施工许可、分包管理、工程造价、质量安全监管、竣工验收等制度，实现工程设计、部品部件生产、施工及采购的统一管理和深度融合，优化项目管理方式。鼓励建立装配式建筑产业技术创新联盟，加大研发投入，增强创新能力。支持大型设计、施工和部品部件生产企业通过调整组织架构、健全管理体系，向具有工程管理、设计、施工、生产、采购能力的工程总承包企业转型。

2. 国务院办公厅关于促进建筑业持续健康发展的意见（国办发［2017］19 号）

（三）加快推行工程总承包。装配式建筑原则上应采用工程总承包模式。政府投资工程应完善建设管理模式，带头推行工程总承包。加快完善工程总承包相关的招标投标、施工许可、竣工验收等制度规定。按照总承包负总责的原则，落实工程总承包单位在工程质量安全、进度控制、成本管理等方面的责任。除以暂估价形式包括在工程总承包范围内且依法必须进行招标的项目外，工程总承包单位可以直接发包总承包合同中涵盖的其他专业业务。

3. 住房城乡建设部关于进一步推进工程总承包发展的若干意见（建市［2016］93 号）

（十一）工程总承包企业的义务和责任。工程总承包企业应当加强对工程总承包项目的管理，根据合同约定和项目特点，制定项目管理计划和项目实施计划，建立工程管理与协调制度，加强设计、采购与施工的协调，完善和优化设计，改进施工方案，合理调配设计、采购和施工力量，实现对工程总承包项目的有效控制。工程总承包企业对工程总承包项目的质量和安全全面负责。工程总承包企业按照合同约定对建设单位负责，分包企业按照分包合同的约定对工程总承包企业负责。工程分包不能免除工程总承包企业的合同义务和法律责任，工程总承包企业和分包企业就分包工程对建设单位承担连带责任。

2.6.4　装配式建筑的管理

质量行为管理

总承包作为鼓励发展，但已经有不少地方进行试点，对于总承包的工程，加强总承包单位的质量行为管理，促使总承包单位全面履行质量责任，是保证工程质量的基础。

所以总承包单位必须全面负责装配式建筑的质量和安全工作，对总承包工程范围内的工程设计、施工质量、施工现场安全生产等负总责。同时建立与工程总承包项目相适应的质量保证体系。应配备项目负责人、项目设计负责人、项目勘察负责人、项目技术负责人、工程质量负责人、施工安全负责人等主要项目管理人员。负责对总承包合同范围内的勘察、设计、采购、施工、性能检测、试运行、验收和交付等工作的总协调和全面管理。全面履行工程总承包项目管理职责，督促再发包单位和分包单位配备项目管理人员，并加强现场管理，对再发包工程承担连带责任。

2.7 检测单位

2.7.1 规章相关规定

目前与检测直接相关的法规是《建设工程质量检测管理办法》（中华人民共和国建设部令第 141 号），对检测单位相关规定为：

第十三条 质量检测试样的取样应当严格执行有关工程建设标准和国家有关规定，在建设单位或者工程监理单位监督下现场取样。提供质量检测试样的单位和个人，应当对试样的真实性负责。

第十四条 检测机构完成检测业务后，应当及时出具检测报告。检测报告经检测人员签字、检测机构法定代表人或者其授权的签字人签署，并加盖检测机构公章或者检测专用章后方可生效。检测报告经建设单位或者工程监理单位确认后，由施工单位归档。

见证取样检测的检测报告中应当注明见证人单位及姓名。

第十五条 任何单位和个人不得明示或者暗示检测机构出具虚假检测报告，不得篡改或者伪造检测报告。

第十六条 检测人员不得同时受聘于两个或者两个以上的检测机构。

检测机构和检测人员不得推荐或者监制建筑材料、构配件和设备。

检测机构不得与行政机关，法律、法规授权的具有管理公共事务职能的组织以及所检测工程项目相关的设计单位、施工单位、监理单位有隶属关系或者其他利害关系。

第十七条 检测机构不得转包检测业务。

检测机构跨省、自治区、直辖市承担检测业务的，应当向工程所在地的省、自治区、直辖市人民政府建设主管部门备案。

第十八条 检测机构应当对其检测数据和检测报告的真实性和准确性负责。

检测机构违反法律、法规和工程建设强制性标准，给他人造成损失的，应当依法承担相应的赔偿责任。

第十九条 检测机构应当将检测过程中发现的建设单位、监理单位、施工单位违反有关法律、法规和工程建设强制性标准的情况，以及涉及结构安全检测结果的不合格情况，及时报告工程所在地建设主管部门。

第二十条 检测机构应当建立档案管理制度。检测合同、委托单、原始记录、检测报告应当按年度统一编号，编号应当连续，不得随意抽撤、涂改。

检测机构应当单独建立检测结果不合格项目台账。

2.7.2　装配式建筑的管理

检测单位对实体工程质量没有说明影响，但其检测数据的正确与否，对实体质量的判定结果影响非常大，甚至产生严重的后果。如将不合格原材料或实体，检测报告合格，依据检测报告判定为合格；或者将合格的原材料或实体，检测报告不合格，依据检测报告判定为不合格，都将给人民的生命财产造成巨大损失。所以检测单位的行为是否规范，检测数据是否准确对工程质量的判断至关重要。

检测单位按照有关工程建设标准和规范进行检测，出具检测报告。检测报告的检测数据应反映工程实际情况，检测数据必须准确真实，不得弄虚作假。不合格检测报告，应当在 24 小时内报送当地工程质量安全监督机构。严格落实见证取样制度，没有见证人员监送的材料，检测报告不得加盖"见证取样章"。

第3章 原 材 料

3.1 钢筋

浇筑混凝土之前，应进行钢筋隐蔽工程验收。隐蔽工程验收应包括下列主要内容：

（1）纵向受力钢筋的牌号、规格、数量、位置；

（2）钢筋的连接方式、接头位置、接头质量、接头面积百分率、搭接长度、锚固方式及锚固长度；

（3）箍筋、横向钢筋的牌号、规格、数量、间距、位置，箍筋弯钩的弯折角度及平直段长度；

（4）预埋件的规格、数量和位置。钢筋隐蔽工程反映钢筋分项工程施工的综合质量，在浇筑混凝土之前验收是为了确保受力钢筋等原材料、加工、连接和安装满足设计要求，并在结构中发挥其应有的作用。

纵向受力钢筋绑扎搭接接头的最小搭接长度在原《混凝土结构工程质量验收规范》GB 50204—2002 附录 B 中作了规定，但 GB 50204—2015 未作规定。纵向受拉钢筋的最小搭接长度与钢筋类型、混凝土强度等级、光圆钢筋、带肋钢筋、钢筋直径、钢筋级别均有关系，最小搭接长度应根据以上确定后，还要进行修正：

（1）当带肋钢筋的直径大于 25mm 时，其最小搭接长度应按相应数值乘以系数 1.1 取用；

（2）对环氧树脂涂层的带肋钢筋，其最小搭接长度应按相应数值乘以系数 1.25 取用；

（3）当在混凝土凝固过程中受力钢筋易受扰动时（如滑模施工），其最小搭接长度应按相应数值乘以系数 1.1 取用；

（4）对末端采用机械锚固措施的带肋钢筋，其最小搭接长度，可按相应数值乘以系数 0.7 取用；

（5）当带肋钢筋的混凝土保护层厚度大于搭接钢筋直径的 3 倍且配有箍筋时，其最小搭接长度可按相应数值乘以系数 0.8 取用；

（6）对有抗震设防要求的结构构件，其受力钢筋的最小搭接长度对一、二级抗震等级应按相应数值乘以系数 1.15 采用；对三级抗震等级应按相应数值乘以系数 1.05 采用。

在任何情况下，受拉钢筋的搭接长度不应小于 300mm。纵向受压钢筋搭接时，其最小搭接长度修正后，乘以系数 0.7 取用。在任何情况下，受压钢筋的搭接长度不应小于 200mm。

以上是原《混凝土结构施工质量验收规范》GB 50204—2002 中附录 B 的内容，在验收时应了解下列情况。

（1）搭接传力原理及搭接长度

结构中搭接钢筋之间传力的原理实际是锚固作用。两根受力方向相反的钢筋在同一区域

（搭接长度）内锚固，分别将各自承受的应力传给锚固混凝土，即完成了钢筋之间的应力传递。原设计规范限定受拉钢筋接头面积百分率为 25%，这很难做到。现行规范规定了各种钢筋在不同强度等级混凝土中搭接时，在不同接头面积百分率条件下的最小搭接长度。

（2）搭接长度的修正

在设计规范中规定了随锚固条件的不同对锚固长度 l_a 修正的方法。这些修正对搭接钢筋同样适用。《混凝土结构工程施工质量验收规范》GB 50204—2002 附录 B 对此作出了规定，搭接长度修正均采取乘以修正系数的方式进行，应用时可自行计算。

经修正后的钢筋搭接长度，在任何情况下，对受拉搭接不得小于 300mm，对受压搭接不得小于 200mm。

（3）工程中的实际搭接长度

《混凝土结构工程施工质量验收规范》GB 50204—2002 附录 B 给出的确定搭接长度的方法比较复杂，这是由于设计规范的修订及与世界各国做法接轨所导致的。但是，这些计算多应由设计方面完成，并在设计图纸中标明。因此，作为施工单位只要照图施工就可以了。当然有不明确之处仍可根据上述原理和方法进行计算。上述方法尽管较为麻烦，但反映了钢筋外形和强度以及混凝土强度等级的影响，并与国际通行的方法接近，在施工中应遵照执行。钢筋、成型钢筋进场检验，当满足下列条件之一时，其检验批容量可扩大一倍：

（1）获得认证的钢筋、成型钢筋；

（2）同一厂家、同一牌号、同一规格的钢筋，连续三批均一次检验合格；

（3）同一厂家、同一类型、同一钢筋来源的成型钢筋，连续三批均一次检验合格。检验批容量是指检验批中的工程量，也可理解为检验批中样本的总数。

获得认证的钢筋、成型钢筋指国家认证认可监督管理委员会批准的专业认证机构，对钢筋、成型钢筋的认证，并取得了相应的证书。

产品质量认证是依据产品标准和相应技术要求，对产品质量稳定性予以客观评价的自愿性国际通行合格认证，也是国际贸易中对产品质量的资格要求之一，有助于企业提升品牌效益，减少使用时的重复抽样等。取得"MC"产品质量认证证书的，检验批的容量可扩大一倍。

钢筋进场时，应按国家现行标准《钢筋混凝土用钢　第 1 部分：热轧光圆钢筋》GB 1499.1、《钢筋混凝土用钢　第 2 部分：热轧带肋钢筋》GB 1499.2、《钢筋混凝土用余热处理钢筋》GB 13014、《钢筋混凝土用钢　第 3 部分：钢筋焊接网》GB 1499.3、《冷轧带肋钢筋》GB 13788、《高延性冷轧带肋钢筋》YB/T 4620、《冷轧扭钢筋》JG 190 及《冷轧带肋钢筋混凝土结构技术规程》JGJ 95、《冷轧扭钢筋混凝土构件技术规程》JGJ 115、《冷拔低碳钢丝应用技术规程》JGJ 19 抽取试件作屈服强度、抗拉强度、伸长率、弯曲性能和重量偏差检验，检验结果应符合相应标准的规定。

检查数量：按进场批次和产品的抽样检验方案确定。

检验方法：检查质量证明文件和抽样检验报告。

钢筋对混凝土结构的承载能力至关重要，必须保证其质量符合设计的产品标准要求。

以上已列出了钢筋应符合的相关标准，对于不同品牌的钢筋应执行相应的标准。钢筋进场时，应检查产品合格证和出厂检验报告，并按相关标准的规定进行抽样检验。由于工程量、运输条件和各种钢筋的用量等的差异，很难对钢筋进场的批量大小作出统一规定。实际检查时，若有关标准中对进场检验作了具体规定，应遵照执行，若有关标准中只有对产品出厂检验的规定，则在进场检验时，批量应按下列情况确定：

（1）对同一厂家、同一牌号、同一规格的钢筋，当一次进场的数量大于该产品的出厂检验批量时，应划分为若干个出厂检验批量，按出厂检验的抽样方案执行；

（2）对同一厂家、同一牌号、同一规格的钢筋，当一次进场的数量小于或等于该产品的出厂检验批量时，应作为一个检验批量，然后按出厂检验的抽样方案执行；

（3）对不同进场时间的同批钢筋，当确有可靠依据时，可按一次进场的钢筋处理。

本条的检验方法中，产品合格证、出厂检验报告是对产品质量的证明资料，应列出产品的主要性能指标；当用户有特殊要求时，还应列出某些专门检验数据。有时，产品合格证、出厂检验报告可以合并。进场复验报告是进场抽样检验的结果，并作为材料能否在工程中应用的判断依据。

对于每批钢筋的检验数量，应按相关产品标准执行。

本书仅介绍常用的钢筋技术指标要求和进场抽样的数量，未介绍的按相关标准执行，进场抽样检测数量除按相应的产品标准要求外，注意本标准 5.1.2 条对抽样数量从宽的要求。《钢筋混凝土用钢　第 1 部分：热轧光圆钢筋》GB 1499.1—2008 和《钢筋混凝土用钢　第 2 部分：热轧带肋钢筋》GB 1499.2—2007 中规定每批抽取 5 个试件，先进行重量偏差检验，再取其中 2 个试件进行力学性能检验。

在执行中，涉及原材料进场检查数量和检验方法时，除有明确规定外，均应按以上叙述理解、执行。

本条的检验方法中，产品合格证、出厂检验报告是对产品质量的证明资料，通常应列出产品的主要性能指标；当用户有特别要求时，还应列出某些专门检验数据。有时，产品合格证、出厂检验报告可以合并。

钢筋进场时，除产品合格证、出厂检验报告外，必须进行抽样检查。按规定的抽样数量送到有见证检测资质的检测试验机构检测。

进场复验报告是进场钢筋抽样检验的结果，它是该批钢筋能否在工程中应用的最终判断依据。鉴于其重要性，建设部 141 号令《建设工程质量检测管理办法》将此列为见证取样项目之一。

钢筋进场时的抽样复验，主要是为了判明实际用于工程钢筋的各项质量指标，也可以说主要针对的是钢筋的真实质量。钢筋进场时，除了针对实际质量进行抽样复验外，还应检查钢筋的产品合格证和出厂检验报告。同时，对钢筋的外观也应认真检查。

钢筋的产品合格证、出厂检验报告有两个作用。第一，它是产品的质量证明资料，证明该批钢筋合格；第二，它同时又是产品生产厂家的"质量责任书"或"质量担保书"。如果出现产品质量不合格等问题，则可以据此追究生产方的质量责任。

由于产品合格证、出厂检验报告属于产品的质量证明资料，故通常应列出产品的主要性能指标；当用户有特别要求时，还应列出某些专门检验数据。有时，产品合格证、出厂检验报告可以合并。当遇到进口钢筋时，产品合格证、出厂检验报告应有中文文本，质量指标不得低于我国有关标准。

对钢筋外观质量检查内容主要是：钢筋应平直、无损伤，表面不得有裂纹、油污、颗粒状或片状老锈。

为了加强对钢筋外观质量的控制，规范规定：钢筋进场时，以及存放了一段较长时间后在使用前，均应对外观质量进行检查，而且应该全数检查。弯折过的钢筋不得敲直后作为受力钢筋使用。钢筋表面不应有影响钢筋强度和锚固性能的锈蚀或污染。这条规定也适用于加工以后较长时期未使用而可能造成外观质量达不到要求的钢筋半成品的检查。

钢材的取样检验及技术指标

1. 钢筋混凝土用钢筋

（1）组批规则。

钢筋应按批进行检查和验收，每批重量通常不大于 60t，超过 60t 的部分，每增加 40t（或不是 40t 的余数）增加一个拉伸试验试件和一个弯曲试验试样。

每批应由同一牌号、同一炉罐号、同一规格的钢筋组成。

允许由同一牌号、同一冶炼方法、同一浇注方法的不同炉罐号的钢筋组成混合批，各炉罐号含碳量之差不大于 0.02%，含锰量之差不大于 0.15%。混合批的重量不大于 60t。

（2）试样长度。

试样夹具之间的最小自由长度应符合下列要求：

$d \leqslant 25mm$ 时，350mm

$25mm < d \leqslant 32mm$，400mm

$32mm < d \leqslant 50mm$，500mm

夹具夹持钢筋所需钢筋长度，视夹具而定，一般两端约需 200mm。试样的最小长度应为试样夹具之间的最小自由长度加夹具夹持长度。

（3）每批钢筋的检验项目、取样方法和试验方法应符合表 3-1 的规定。

钢材的检验项目　　　　　　　　表 3-1

序号	检验项目	取样数量	取样方法	试验方法
1	化学成分（熔炼分析）	1	GB/T 20066	GB/T 223、GB/T 4336
2	拉伸	2	任选两根钢筋切取	GB/T 228、GB 1499.2 第 8.2 条
3	弯曲	2	任选两根钢筋切取	GB/T 232、GB 1499.2 第 8.2 条
4	反向弯曲	1		YB/T 5126、GB 1499.2 第 8.2 条
5	尺寸	逐支		GB 1499.2 第 8.3 条
6	表面	逐支		目视
7	重量偏差	GB 1499.2 第 8.4 条		GB 1499.2 第 8.4 条
8	晶粒度	2	任选两根钢筋切取	GB/T 6394

注：1. 对化学分析和拉伸试验结果有争议时，仲裁试验分别按 GB/T 223、GB/T 228 进行；
　　2. 本表摘自《钢筋混凝土用钢　第 2 部分：热轧带肋钢筋》（GB 1499.2—2007）。

拉伸、弯曲、反向弯曲试验试样不允许进行车削加工。

计算钢筋强度用截面面积采用公称横截面面积。

2. 热轧光圆钢筋

经热轧成型，横截面通常为圆形，表面光滑的成品钢筋。

热轧光圆钢筋执行标准为《钢筋混凝土用钢　第 1 部分：热轧光圆钢筋》国家标准第 1 号修改单（GB 1499.1—2008/XG1-2012）。

（1）分级、牌号

1）钢筋按屈服强度特征值分为 235、300 级。

2）钢筋牌号的构成及其含义见表 3-2。

钢筋牌号 表 3-2

产品名称	牌号	牌号构成	英文字母含义
热轧光圆钢筋	HPB235	由 HPB＋屈服强度特征值构成	HPB——热轧光圆钢筋英文（Hot rolled Plain Bars）的缩写
	HPB300		

注：本表摘自《钢筋混凝土用钢 第 1 部分：热轧光圆钢筋》（GB 1499.1—2008）。

（2）尺寸、外形、重量及允许偏差

1）公称直径范围及推荐直径

钢筋的公称直径范围为 6～22mm，本部分推荐的钢筋公称直径为 6mm、8mm、10mm、12mm、16mm、20mm。

2）公称横截面面积与理论重量

钢筋的公称横截面面积与理论重量列于表 3-3。

钢筋的公称横截面面积与理论重量 表 3-3

公称直径（mm）	公称横截面面积（mm²）	理论重量（kg/m）
6（6.5）	28.27（33.18）	0.222（0.260）
8	50.27	0.395
10	78.54	0.617
12	113.1	0.888
14	153.9	1.21
16	201.1	1.58
18	254.5	2.00
20	314.2	2.47
22	380.1	2.98

注：1. 表中理论重量按密度为 7.85g/cm³ 计算，公称直径 6.5mm 的产品为过渡性产品；
　　2. 本表摘自《钢筋混凝土用钢 第 1 部分：热轧光圆钢筋》（GB 1499.1—2008）。

3）光圆钢筋的截面形状及尺寸允许偏差

光圆钢筋的直径允许偏差和不圆度应符合表 3-4 的规定。钢筋实际重量与理论重量的偏差符合表 3-5 规定时，钢筋直径允许偏差不作为交货条件。

光圆钢筋的直径允许偏差和不圆度 表 3-4

公称直径（mm）	允许偏差（mm）	不圆度（mm）
6（6.5） 8 10 12	±0.3	≤0.4
14 16 18 20 22	±0.4	

注：本表摘自《钢筋混凝土用钢 第 1 部分：热轧光圆钢筋》（GB 1499.1—2008）。

（3）弯曲度和端部

直条钢筋的弯曲度应不影响正常使用，总弯曲度不大于钢筋的 0.4%。

钢筋端部应剪切正常，局部变形应不影响使用。

（4）重量及允许偏差

直条钢筋实际重量与理论重量的允许偏差应符合表 3-5 的规定。

直条钢筋实际重量与理论重量的允许偏差   表 3-5

公称直径（mm）	实际重量与理论重量的偏差（%）
6～12	±7
14～22	±5

注：本表摘自《钢筋混凝土用钢 第1部分：热轧光圆钢筋》（GB 1499.1—2008）。

（5）技术要求

1）钢筋牌号及化学成分（熔炼分析）应符合表 3-6 的规定。

钢筋牌号及化学成分（熔炼分析）   表 3-6

牌号	化学成分（质量分数）（%）不大于				
	C	Si	Mn	P	S
HPB235	0.22	0.30	0.65	0.045	0.050
HPB300	0.25	0.55	1.50		

注：本表摘自《钢筋混凝土用钢 第1部分：热轧光圆钢筋》（GB 1499.1—2008）。

钢中残余元素铬、镍、铜含量应各不大于 0.30%，供方如能保证可不作分析。

钢筋的成品化学成分允许偏差应符合《钢的成品化学成分允许偏差》GB/T 222 的规定。

2）力学性能、工艺性能

钢筋的屈服强度 R_{el}、抗拉强度 R_m、断后伸长率 A、最大力总伸长率 A_{gt} 等力学性能特征值应符合表3-7的规定。表 3-7 所列各力学性能特征值可作为交货检验的最小保证值。

钢筋力学性能和工艺性能   表 3-7

牌　号	R_{el}（MPa）	R_m（MPa）	A（%）	A_{gt}（%）	冷弯试验 180° d——弯心直径 a——钢筋公称直径
	不小于				
HPB235	235	370	25.0	10.0	$d=a$
HPB300	300	420			

注：本表摘自《钢筋混凝土用钢 第1部分：热轧光圆钢筋》（GB 1499.1—2008）。

3）弯曲性能

按表 3-7 规定的弯心直径弯曲 180°后，钢筋受弯曲部位表面不得产生裂纹。

4）表面质量

钢筋应无有害的表面缺陷，按盘卷交货的钢筋应将头尾有害缺陷部分切除。

试样可使用钢丝刷清理，清理后的重量、尺寸、横截面积和拉伸性能满足本部分的要求，锈皮、表面不平整或氧化铁皮不作为拒收的理由。

3. 热轧带肋钢筋

热轧带肋钢筋执行标准为《钢筋混凝土用钢 第 2 部分：热轧带肋钢筋》（GB

1499.2—2007）。

（1）分类、牌号

钢筋按屈服强度特征值分为 335、400、500 级。钢筋牌号的构成及其含义见表 3-8。

钢筋牌号　　　　　　　　　　　　　　　表 3-8

类别	牌号	牌号构成	英文字母含义
普通热轧钢筋	HRB335	由 HRB＋屈服强度特征值构成	HRB——热轧带肋钢筋的英文（Hot rolled Rib-bed Bars）缩写
	HRB400		
	HRB500		
细晶粒热轧钢筋	HRBF335	由 HRBF＋屈服强度特征值构成	HRBF——在热轧带肋钢筋的英文缩写后加"细"的英文（Fine）首位字母
	HRBF400		
	HRBF500		

注：本表摘自《钢筋混凝土用钢　第 2 部分：热轧带肋钢筋》（GB 1499.2—2007）。

（2）尺寸、外形、重量及允许偏差

1）公称横截面面积与理论重量

钢筋的公称直径范围为 6～50mm，标准推荐的钢筋公称直径为 6mm、8mm、10mm、12mm、16mm、20mm、25mm、32mm、40mm、50mm。

2）公称横截面面积与理论重量列于表 3-9。

公称横截面面积与理论重量　　　　　　　　　表 3-9

公称直径(mm)	公称横截面面积(mm²)	理论重量(kg/m)
6	28.27	0.222
8	50.27	0.395
10	78.54	0.617
12	113.1	0.888
14	153.9	1.21
16	201.1	1.58
18	254.5	2.00
20	314.2	2.47
22	380.1	2.98
25	490.9	3.85
28	615.8	4.83
32	804.2	6.31
36	1018	7.99
40	1257	9.87
50	1964	15.42

注：1. 表中理论重量按密度为 7.85g/cm³ 计算；
　　2. 本表摘自《钢筋混凝土用钢　第 2 部分：热轧带肋钢筋》（GB 1499.2—2007）。

3）带肋钢筋的表面形状及尺寸允许偏差

带肋钢筋横肋设计原则应符合下列规定：

① 横肋与钢筋轴线的夹角 β 不应小于 45°，当该夹角不大于 70°时，钢筋相对两面上横肋的方向应相反。

② 横肋公称间距不得大于钢筋公称直径的 0.7 倍。

③ 横肋侧面与钢筋表面的夹角 α 不得小于 45°。

④ 钢筋相邻两面上横肋末端之间的间隙（包括纵肋宽度）总和不应大于钢筋公称周长的 20%。

⑤ 当钢筋公称直径不大于 12mm 时，相对肋面积不应小于 0.055；公称直径为 14mm 和 16mm 时，相对肋面积不应小于 0.060；公称直径大于 16mm 时，相对肋面积不应小于 0.060。相对肋面积的计算可参考原标准附录 C（本书略）。

⑥ 带肋钢筋通常带有纵肋，也可不带纵肋。

⑦ 带有纵肋的月牙肋钢筋，尺寸及允许偏差应符合表 3-10 的规定，钢筋实际重量与理论重量的偏差符合表 3-11 规定时，钢筋内径偏差不做交货条件。

不带纵肋的月牙肋钢筋，其内径尺寸可按表 3-10 的规定做适当调整，但重量允许偏差仍应符合表 3-10 的规定。

尺寸及允许偏差（mm）　　　　　　　　　　　　　表 3-10

公称直径 d	内径 d_1		横肋高 h		纵肋高 h_1（不大于）	横肋顶宽 b	纵肋顶宽 a	横肋间距 l		横肋末端最大间隙（公称周长的 10% 弦长）
	公称尺寸	允许偏差	公称尺寸	允许偏差				公称尺寸	允许偏差	
6	5.8	±0.3	0.6	±0.3	0.8	0.4	1.0	4.0		1.8
8	7.7		0.8	+0.4 −0.3	1.1	0.5	1.5	5.5		2.5
10	9.6		1.0	±0.4	1.3	0.6	1.5	7.0		3.1
12	11.5	±0.4	1.2		1.6	0.7	1.5	8.0	±0.5	3.7
14	13.4		1.4	+0.4 −0.5	1.8	0.8	1.8	9.0		4.3
16	15.4		1.5		1.9	0.9	1.8	10.0		5.0
18	17.3		1.6		2.0	1.0	2.0	10.0		5.6
20	19.3		1.7	±0.5	2.1	1.2	2.0	10.0		6.2
22	21.3	±0.5	1.9		2.4	1.3	2.5	10.5	±0.8	6.8
25	24.2		2.1	±0.6	2.6	1.5	2.5	12.5		7.7
28	27.2		2.2		2.7	1.7	3.0	12.5		8.6
32	31.0	±0.6	2.4	+0.8 −0.7	3.0	1.9	3.0	14.0	±1.0	9.9
36	35.0		2.6	+1.0 −0.8	3.2	2.1	3.5	15.0		11.1
40	38.7	±0.7	2.9	±1.1	3.5	2.2	3.5	15.0		12.4
50	48.5	±0.8	3.2	±1.2	3.8	2.5	4.0	16.0		15.5

注：1. 纵肋斜角 θ 为 0°～30°；

　　2. 尺寸 a、b 为参考数据；

　　3. 本表摘自《钢筋混凝土用钢　第 2 部分：热轧带肋钢筋》（GB 1499.2—2007）。

（3）长度及允许偏差

1）长度

钢筋通常按定尺长度交货，具体交货长度应在合同中注明。

钢筋可以筋卷交货，每盘应是一条钢筋，允许每批有 5% 的盘数（不足两盘时可有两盘）由两条钢筋组成。其盘重及盘径由供需双方协商确定。

2）长度允许偏差

钢筋按定尺交货时的长度允许偏差为±25mm。

当要求最小长度时，其偏差为＋50mm。

当要求最大长度时，其偏差为－50mm。

（4）弯曲度和端部

直条钢筋的弯曲度应不影响正常使用，总弯曲度不大于钢筋总长度的0.4%。

钢筋端部应剪切正直，局部变形应不影响使用。

（5）重量及允许偏差

钢筋实际重量与理论重量的允许偏差应符合表3-11的规定。

钢筋实际重量与理论重量的允许偏差　　　　　表 3-11

公称直径(mm)	实际重量与理论重量的偏差(%)
6～12	±7
14～20	±5
22～50	±4

注：本表摘自《钢筋混凝土用钢　第2部分：热轧带肋钢筋》(GB 1499.2—2007)。

（6）牌号和化学成分

1）钢筋牌号及化学成分和碳当量（熔炼分析）应符合表3-12的规定。根据需要，钢中还可加入 V、Ni、Ti 等元素。

钢筋牌号及化学成分和碳当量（熔炼分析）　　　　　表 3-12

牌　号	化学成分(质量分数)(%)不大于					
	C	Si	Mn	P	S	Ceq
HRB335 HRBF335						0.52
HRB400 HRBF400	0.25	0.80	1.60	0.045	0.045	0.54
HRB500 HRBF500						0.55

注：本表摘自《钢筋混凝土用钢　第2部分：热轧带肋钢筋》(GB 1499.2—2007)。

2）碳当量 Ceq（百分比）值可按下式计算：

$$Ceq＝C＋Mn/6＋(Cr＋V＋Mo)/5＋(Cu＋Ni)/15$$

3）钢的氮含量应不大于0.012%。供方如能保证可不作分析。钢中如有足够数量的氮结合元素，含氮量的限制可适当放宽。

4）钢筋的成品化学成分允许偏差应符合《钢的成品化学成分允许偏差》GB/T 222 的规定，碳当量 Ceq 的允许偏差为＋0.03%。

（7）力学性能

钢筋的屈服强度 R_{el}、抗拉强度 R_m、断后伸长率 A、最大力总伸长率 A_{gt} 等力学性能特征值应符合表3-13的规定。表 3-13 所列各力学性能特征值，可作为交货检验的最小保证值。

热轧带肋钢筋力学性能　　　　　　　　　　　表 3-13

牌　号	R_{el}(MPa)	R_m(MPa)	A(%)	A_{gt}(%)
	不小于			
HRB335 HRBF335	335	455	17	
HRB400 HRBF400	400	540	16	7.5
HRB500 HRBF500	500	630	15	

注：本表摘自《钢筋混凝土用钢　第 2 部分：热轧带肋钢筋》(GB 1499.2—2007)。

直径 28~40mm 各牌号钢筋的断后伸长率 A 可降低 1%；直径大于 40mm 各牌号钢筋的断后伸长率 A 可降低 2%。

有较高要求的抗震结构适用牌号为：在表 3-13 中已有牌号后加 E（例如：HRB400E，HRBF400E）的钢筋，该类钢筋除应满足以下 1)、2)、3) 的要求外，其他要求与相应的已有牌号钢筋相同。

1) 钢筋实测抗拉强度与实测屈服强度之比 R_m^0/R_{el}^0 不小于 1.25。

2) 钢筋实测屈服强度与表 3-13 规定的屈服强度特征值之比 R_{el}^0/R_{el} 不大于 1.30。

3) 钢筋的最大力总伸长率 A_{gt} 不小于 9%。

注：R_m^0 为钢筋实测抗拉强度；R_{el}^0 为钢筋实测屈服强度。

（8）工艺性能

1) 弯曲性能

按表 3-14 规定的弯芯直径弯曲 180° 后，钢筋受弯曲部位表面不得产生裂纹。

热轧带肋钢筋弯曲性能　　　　　　　　　　　表 3-14

牌　号	公称直径 d	弯心直径
HRB335 HRBF335	6~25	$3d$
	28~40	$4d$
	>40~50	$5d$
HRB400 HRBF400	6~25	$4d$
	28~40	$5d$
	>40~50	$6d$
HRB500 HRBF500	6~25	$6d$
	28~40	$7d$
	>40~50	$8d$

注：本表摘自《钢筋混凝土用钢　第 2 部分：热轧带肋钢筋》(GB 1499.2—2007)。

2) 反向弯曲性能

根据需方要求，钢筋可进行反向弯曲性能试验。

反向弯曲试验的弯心直径比弯曲试验相应增加一个钢筋公称直径。

反向弯曲试验，先正向弯曲 90° 再反向弯曲 20°。两个弯曲角度均应在去载之前测量。经反向弯曲试验后，钢筋受弯曲部位表面不得产生裂纹。

3）疲劳性能

如需方要求，经供需双方协议，可进行疲劳性能试验，疲劳试验的技术要求和试验方法由供需双方协商确定。

4）焊接性能

钢筋的焊接工艺及接头的质量检验与验收应符合相关行业标准的规定。

普通热轧钢筋在生产工艺、设备有重大变化及新产品生产时进行型式检验。

细晶粒热轧钢筋的焊接工艺应经试验确定。

5）晶粒度

细晶粒热轧钢筋应做晶粒度检验，其晶粒度不粗于 9 级，如供方能保证可不做晶粒度检验。

（9）表面质量

1）钢筋应无有害的表面缺陷。

2）只要经钢丝刷刷过的试样的重量、尺寸、横截面积和拉伸性能不低于本部分的要求，锈皮、表面不平整或氧化铁皮不作为拒收的理由。

4. 冷轧带肋钢筋

（1）组批规则。

钢筋应按批进行检查和验收，每批应由同一牌号、同一外形、同一规格、同一生产工艺和同一交货状态的钢筋组成，每批不大于 60t。

（2）试样长度。

试样长度不小于公称直径的 60 倍。

（3）钢筋出厂检验的试验项目、取样方法、试验方法应符合表 3-15 的规定。

冷轧带肋钢筋的试验项目、取样方法及试验方法　　　　　　　　　表 3-15

序　号	试验项目	试验数量	取样方法	试验方法
1	拉伸试验	每盘 1 个	在每(任)盘中随机切取	GB/T 228 GB/T 6397
2	弯曲试验	每批 2 个		GB/T 232
3	反复弯曲试验	每批 2 个		GB/T 228
4	应力松弛试验	定期 1 个		GB/T 10120 GB 13788—2008 第 7.3
5	尺寸	逐盘		GB 13788—2008 第 7.4
6	表面	逐盘		目视
7	重量偏差	每盘 1 个		GB 13788—2008 第 7.5

注：1. 供方在保证 $\sigma_{p0.2}$ 合格的条件下，可不逐盘进行 $\sigma_{p0.2}$ 的试验；
　　2. 表中试验数量栏中的"盘"指生产钢筋"原料盘"；
　　3. 本表摘自《冷轧带肋钢筋》（GB 13788—2008）。

冷轧带肋钢筋进场复验项目参照表 3-16 执行，主要复验力学性能。

（4）冷轧带肋钢筋的力学性能和工艺性能应符合表3-16的规定。

（5）钢筋的规定非比例伸长应力 $\sigma_{p0.2}$ 值应不小于公称抗拉强度 σ_b 的80%，$\sigma_b/\sigma_{p0.2}$ 比值应不小于1.05。

供方在保证1000h松弛率合格基础上，试验可按10h应力松弛试验进行。

（6）表面质量

钢筋表面不得有裂纹、折叠、结疤、油污及其他影响使用的缺陷。

钢筋表面可有浮锈，但不得有锈皮及目视可见的麻坑等腐蚀现象。

冷轧带肋钢筋力学性能和工艺性能　　　　表3-16

牌 号	$R_{p0.2}$(MPa) 不小于	R_m(MPa) 不小于	伸长率(%)不小于		弯曲试验 180°	反复弯曲 次数	应力松弛 初始应力应相当于公称抗拉强度的70%
			$A_{11.3}$	A_{100}			1000h松弛率(%) 不大于
CRB550	550	550	8.0	—	$D=3d$	—	—
CRB650	585	650	—	4.0	—	3	8
CRB800	720	800	—	4.0	—	3	8
CRB970	875	970	—	4.0	—	3	8

注：1. 表中 D 为弯心直径，d 为钢筋公称直径；
　　2. 本表摘自《冷轧带肋钢筋》（GB 13788—2008）。

（7）冷轧带肋钢筋的尺寸，重量及允许偏差见表3-17。

三面肋和二面肋钢筋的尺寸、重量及允许偏差　　　　表3-17

公称直径 d (mm)	公称横截面积 (mm²)	重 量		横肋中点高		横肋1/4处高 $h_{1/4}$ (mm)	横肋顶宽 b (mm)	横肋间距		相结肋面积 f_r 不小于
		理论重量 (kg/m)	允许偏差 (%)	h (mm)	允许偏差 (mm)			l (mm)	允许偏差 (%)	
4	12.6	0.099		0.30		0.24		4.0		0.036
4.5	15.9	0.125		0.32		0.26		4.0		0.039
5	19.6	0.154		0.32		0.26		4.0		0.039
5.5	23.7	0.186		0.40	+0.10 −0.05	0.32		5.0		0.039
6	28.3	0.222		0.40		0.32		5.0		0.039
6.5	33.2	0.261		0.46		0.37		5.0		0.045
7	38.5	0.302		0.46		0.37		5.0		0.045
7.5	44.2	0.347		0.55		0.44		6.0		0.045
8	50.3	0.395	±4	0.55		0.44	−0.2d	6.0	±15	0.045
8.5	56.7	0.445		0.55		0.44		7.0		0.045
9	63.6	0.499		0.75		0.60		7.0		0.052
9.5	70.8	0.556		0.75		0.60		7.0		0.052
10	78.5	0.617		0.75	±0.10	0.60		7.0		0.052
10.5	86.5	0.679		0.75		0.60		7.4		0.052
11	95.0	0.746		0.85		0.68		7.4		0.056
11.5	103.8	0.815		0.95		0.76		8.4		0.056
12	113.1	0.888		0.95		0.76		8.4		0.056

注：1. 横肋1/4处高，横肋顶宽供孔型设计用；
　　2. 二面肋钢筋允许有高度不大于 $0.5h$ 的纵肋；
　　3. 本表摘自《冷轧带肋钢筋》（GB 13788—2008）。

1）尺寸测量

横肋高度的测量采用测量同一截面每列横肋高度取其平均值；横肋间距采用测量平均间距的方法，即测取同一列横肋第1个与第11个横肋的中心距离后除以10即为横肋间距的平均值。

尺寸测量精度精确到0.02mm。

2）重量偏差的测量

测量钢筋重量偏差时，试样长度应不小于500mm。长度测量精确到1mm，重量测定应精确到1g。

钢筋重量偏差按下式计算：

$$重量偏差（\%）= \frac{试样实际重量 -（试样长度 \times 理论重量）}{试样长度 \times 理论重量} \times 100$$

（8）冷轧带肋钢筋用盘条的参考牌号和化学成分。

CRB500、CRB650、CRB800、CRB970、CRB1170钢筋用盘条的参考牌号及化学成分（熔炼分析）见表3-18，60钢、70钢的Ni、Cr、Cu含量各不大于0.25%。

冷轧带肋钢筋用盘条的参考牌号和化学成分　　　　　表3-18

钢筋牌号	盘条牌号	化学成分（质量分数）（%）					
		C	Si	Mn	V、Ti	S	P
CRB550 CRB650	Q215	0.09～0.15	≤0.30	0.25～0.55	—	≤0.050	≤0.045
	Q235	0.14～0.22	≤0.30	0.30～0.65	—	≤0.050	≤0.045
CRB800	24MnTi	0.19～0.27	0.17～0.37	1.20～1.60	Ti：0.01～0.05	≤0.045	≤0.045
	20MnSi	0.17～0.25	0.40～0.80	1.20～1.60	—	≤0.045	≤0.045
CRB970	41MnSiV	0.37～0.45	0.60～1.10	1.00～1.40	V：0.05～0.12	≤0.045	≤0.045
	60	0.57～0.25	0.17～0.37	0.50～0.80	—	≤0.035	≤0.035

注：本表摘自《冷轧带肋钢筋》（GB 13788—2008）。

5.2.2　成型钢筋进场时，应抽取试件作屈服强度、抗拉强度、伸长率和重量偏差检验，检验结果应符合国家现行相关标准的规定。

对由热轧钢筋制成的成型钢筋，当有施工单位或监理单位的代表驻厂监督生产过程，并提供原材钢筋力学性能第三方检验报告时，可仅进行重量偏差检验。

检查数量：同一厂家、同一类型、同一钢筋来源的成型钢筋，不超过30t为一批，每批中每种钢筋牌号、规格均应至少抽取1个钢筋试件，总数不应少于3个。

检验方法：检查质量证明文件和抽样检验报告。

1. 和原材料进场抽样检测的检测参数不同，不检测弯曲性能。

2. 如果原材料未检测，对于成型钢筋抽样检测数量有明确规定，不是按照产品标准的组批规则进行抽样。

3. 有施工单位或监理单位的代表驻厂监督生产过程，并提供原材钢筋力学性能第三方检验报告时，可仅进行重量偏差检验。

检查数量不同于钢筋原材料的要求，不超过30t为一批。

5.2.3　对按一、二、三级抗震等级设计的框架和斜撑构件（含梯段）中的纵向受力普通钢筋应采用HRB335E、HRB400E、HRB500E、HRBF335E、HRBF400E或

HRBF500E 钢筋，其强度和最大力下总伸长率的实测值应符合下列规定：

1 抗拉强度实测值与屈服强度实测值的比值不应小于1.25；

2 屈服强度实测值与屈服强度标准值的比值不应大于1.30；

3 最大力下总伸长率不应小于9%。

检查数量：按进场的批次和产品的抽样检验方案确定。

检验方法：检查抽样检验报告。

根据国家标准《混凝土结构设计规范》（GB 50010）、《建筑抗震设计规范》（GB 50011）的规定，本条提出了框架、斜撑构件（含梯段）中纵向受力钢筋强度、伸长率的规定，其目的是保证重要结构构件的抗震性能。本条第1款中抗拉强度实测值与屈服强度实测值的比值工程中习惯称为"强屈比"，第2款中屈服强度实测值与屈强度标准值的比值工程中习惯称为"超强比"或"超屈比"，第3款中最大力下总伸长率习惯称为"均匀伸长率"。

本条中的框架包括各类混凝土结构中的框架梁、框架柱、框支梁、框支柱及板柱-抗震墙的柱等，其抗震等级应根据国家现行相关标准由设计确定；斜撑构件包括伸臂桁架的斜撑、楼梯的梯段等，相关标准中未对斜撑构件规定抗震等级，所有斜撑构件均应满足本条规定。

牌号带"E"的钢筋是专门为满足本条性能要求生产的钢筋，其表面轧有专用标志。

混凝土结构构件的抗震等级根据设防烈度、结构类型、房屋高度，按表3-19采用，设计文件上应明确混凝土结构的抗震等级。

混凝土结构的抗震等级 表3-19

结构类型		设防烈度							
		6		7		8			9
框架结构	高度（m）	≤24	>24	≤24	>24	≤24	>24	≤24	
	普通框架	四	三	三	二	二	一	一	
	大跨度框架	三		二		一		一	
框架-剪力墙结构	高度（m）	≤60	>60	<24	24～60	>60	<24	24～60	>60	<24	24～50
	框架	四	三	四	三	二	三	二	一	二	一
	剪力墙	三		三		二		一		一	
剪力墙结构	高度（m）	≤80	>80	≤24	24～80	>80	<24	24～80	>80	<24	24～60
	剪力墙	四	三	四	三	二	三	二	一	二	一
部分框支剪力墙结构	剪力墙 一般部位	≤80	>80	≤24	24～80	>80	≤24	24～80		
	高度（m）									
	一般部位	四	三	四	三	二	三	二		
	加密部位	三	二	三	二	一	二	一		
	框支层结构	二		二		一			
简体结构	框架-核心筒 框架	三		二		一		一	
	核心筒	二		二		一		一	
	筒中筒 内筒	三		二		一		一	
	外筒	三		二		一		一	

续表

结构类型		设防烈度						
		6		7		8		9
板柱-剪力墙结构	高度（m）	≤35	>35	≤35	>35	≤35	>35	
	板柱及周边框架	三	二	二	二	一	一	—
	剪力墙	二	二	二	一	二	一	
单层厂房结构	铰接排架	四		三		二		一

注：1. 建筑场地Ⅰ类时，除6度设防裂度外应允许按表内降低一度对应的抗震构造措施，但相应的计算要求不应降低；

2. 接近或等于高度分界时，应允许结合房屋不规则程度和场地、地基条件确定抗震等级；

3. 大跨度框架指跨度不小于18m的框架；

4. 表中框架结构不包括异形柱框架；

5. 房屋高度不大于60m的框架-核心筒结构按框架-剪力墙结构的要求设计时，应按表中框架-剪力墙结构确定抗震等级；

6. 本表摘自《混凝土结构设计规范》（GB 50010—2010）。

值得注意的是，混凝土结构的抗震等级不同于民用建筑工程设计等级，民用建筑工程设计等级分类见表3-20。

民用建筑工程设计等级分类表　　　表3-20

类型 \ 工程等级 特征		特级	一级	二级	三级
一般公共建筑	单体建筑面积	8万 m² 以上	2万 m² 以上至8万 m²	5千 m² 以上至2万 m²	5千 m² 及以下
	立项投资	2亿元以上	4千万元以上至2亿元	1千万元以上至4千万元	1千万元及以下
	建筑高度	100m 以上	50m 以上至100m	24m 以上至50m	24m 及以下（其中砌体建筑不得超过抗震规范高度限值要求）
住宅、宿舍	层数		20层以上	12层以上至20层	12层及以下（其中砌体建筑不得超过抗震规范高度限值要求）
住宅小区、工厂生活区	总建筑面积		10万 m² 以上	10万 m² 及以下	

类型 \ 特征 \ 工程等级		特　级	一　级	二　级	三　级
地下工程	地下空间（总建筑面积）	5 万 m² 以上	1 万 m² 以上至 5 万 m²	1 万 m² 以下	
	防建式人防（防护等级）		四级及以上	五级及以下	
特殊公共建筑	超限高层建筑抗震要求	抗震设防区特殊超限高层建筑	抗震设防区建筑高度 100m 及以下的一般超限高层建筑		
	技术复杂，有声、光、热、振动、视线等特殊要求	技术特别复杂	技术比较复杂		
	重要性	国家级经济、文化、历史、涉外等重点工程项目	省级经济、文化、历史、涉外等重点工程项目		

注：1. 符合某工程等级特征之一的项目即可确认为该工程等级项目；
　　2. 本表摘自《建筑工程设计资质分级标准》。

这样规定的目的，是为了保证在地震作用下，结构某些部位出现塑性铰以后，钢筋具有足够的变形能力，以减少地震造成的灾害影响。应该注意，以上关于现场抽样检测的规定被列为强制性的条文，必须严格执行。

质量检查人员在审核钢筋复验报告时，应注意本条的审核，钢材现场抽样检测报告上应有此条结果的结论意见。

一般项目

5.2.4　钢筋应平直、无损伤，表面不得有裂纹、油污、颗粒状或片状老锈。

检查数量：全数检查。

检验方法：观察。

为了加强对钢筋外观质量的控制，钢筋进场时和使用前均应对外观质量进行检查。弯折钢筋不得敲直后作为受力钢筋使用。钢筋表面不应有颗粒状或片状老锈，以免影响钢筋强度和锚固性能。加工以后较长时期未使用的钢筋也可能造成外观质量达不到要求，钢筋半成品也应进行该项检查。

5.2.5　成型钢筋的外观质量和尺寸偏差应符合国家现行有关标准的规定。

检查数量：同一厂家、同一类型的成型钢筋，不超过 30t 为一批，每批随机抽取 3 个成型钢筋。

检验方法：观察，尺量。

成型钢筋的外观质量和尺寸偏差应符合《混凝土结构工程施工质量验收规范》（GB 50204）第 5.3 节的规定。

3.2 钢筋机械连接套筒、钢筋锚固板

钢筋机械连接套筒、钢筋锚固板以及预埋件等的外观质量应符合国家现行相关标准的规定。

检查数量：按国家现行相关标准的规定确定。

检验方法：检查产品质量证明文件；观察，尺量。国家现行有关标准有《钢筋机械连接用套筒》JG/T 163—2013、《钢筋锚固板应用技术规程》JGJ 256—2011。《钢筋混凝土结构预埋件》04G362 图集，2004 年实施的《预埋件通用图集》GH/T 21544—2006 可作参考。

1. 钢筋机械连接套筒的检查数量与外观质量要求

《钢筋机械连接用套筒》JG/T 163—2013 第 7.2.2 条规定的外观质量的检验数量有下列要求：

外观、标记和尺寸检验：以连续生产的同原材料、同类型、同规格、同批号的 1000 个或少于 1000 个套筒为一个验收批，随机抽取 10％进行检验。合格率不低于 95％时，应评为该验收批合格；当合格率低于 95％时，应另取加倍数量重做检验，当加倍抽检后的合格率不低于 95％时，应评定该验收批合格，若仍小于 95％时，该验收批应逐个检验，合格者方可出厂。

《钢筋机械连接用套筒》JG/T 163—2013 第 5.2 条规定的外观质量要求为：

（以下序号为原标准编号）

5.2 套筒外观

5.2.1 螺纹套筒

螺纹套筒的外观应符合以下要求：

a）套筒外表面可为加工表面或无缝钢管、圆钢的自然表面。

b）应无肉眼可见裂纹或其他缺陷。

c）套筒表面允许有锈斑或浮锈，不应有锈皮。

d）套筒外圆及内孔应有倒角。

e）套筒表面应有符合 4.3 和 8.1 规定的标记和标志。

5.2.2 挤压套筒

挤压套筒的外观应符合以下要求：

a）套筒表面可为加工表面或无缝钢管、圆钢的自然表面。

b）应无肉眼可见裂纹。

c）套筒表面不应有明显起皮的严重锈蚀。

d）套筒外圆及内孔应有倒角。

e）套筒表面应有挤压标识和符合 4.3 和 8.1 规定的标记和标志。

2. 钢筋锚固板的抽查数量与质量要求

《钢筋锚固板应用技术规程》JGJ 256—2011 第 6 章对钢筋锚固板的现场检验与验收提出了明确的要求：

6.0.1 锚固板产品提供单位应提交经技术监督局备案的企业产品标准。对于不等厚或长

方形锚固板，尚应提交省部级的产品鉴定证书。

6.0.2　锚固板产品进场时，应检查其锚固板产品的合格证。产品合格证应包括适用钢筋直径、锚固板尺寸、锚固板材料、锚固板类型、生产单位、生产日期以及可追溯原材料性能和加工质量的生产批号。产品尺寸及公差应符合企业产品标准的要求。用于焊接锚固板的钢板、钢筋、焊条应有质量证明书和产品合格证。

6.0.3　钢筋锚固板的现场检验应包括工艺检验、抗拉强度检验、螺纹连接锚固板的钢筋丝头加工质量检验和拧紧扭矩检验、焊接锚固板的焊缝检验。拧紧扭矩检验应在工程实体中进行，工艺检验、抗拉强度检验的试件应在钢筋丝头加工现场抽取。工艺检验、抗拉强度检验和拧紧扭矩检验规定为主控项目，外观质量检验规定为一般项目。钢筋锚固板试件的抗拉强度试验方法应符合本规程附录 A 的有关规定。

6.0.4　钢筋锚固板加工与安装工程开始前，应对不同钢筋生产厂的进场钢筋进行钢筋锚固板工艺检验；施工过程中，更换钢筋生产厂商、变更钢筋锚固板参数、形式及变更产品供应商时，应补充进行工艺检验。

　　工艺检验应符合下列规定：

　　1　每种规格的钢筋锚固板试件不应少于 3 根；

　　2　每根试件的抗拉强度均应符合本规程第 3.2.3 条的规定；

　　3　其中 1 根试件的抗拉强度不合格时，应重取 6 根试件进行复检，复检仍不合格时判为本次工艺检验不合格。

6.0.5　钢筋锚固板的现场检验应按验收批进行。同一施工条件下采用同一批材料的同类型、同规格的钢筋锚固板，螺纹连接锚固板应以 500 个为一个验收批进行检验与验收，不足 500 个也应作为一个验收批；焊接连接锚固板应以 300 个为一个验收批，不足 300 个也应作为一个验收批。

6.0.6　螺纹连接钢筋锚固板安装后应按本规程第 6.0.5 条的验收批，抽取其中 10% 的钢筋锚固板按本规程第 5.2.3 条要求进行拧紧扭矩校核，拧紧扭矩值不合格数超过被校核数的 5% 时，应重新拧紧全部钢筋锚固板，直到合格为止。焊接连接钢筋锚固板应按现行行业标准《钢筋焊接及验收规程》JGJ 18 有关穿孔塞焊要求，检查焊缝外观是否符合本规程第 5.3.1 条第 4 款的规定。

6.0.7　对螺纹连接钢筋锚固板的每一验收批，应在加工现场随机抽取 3 个试件作抗拉强度试验，并应按本规程第 3.2.3 条的抗拉强度要求进行评定。3 个试件的抗拉强度均应符合强度要求，该验收批评为合格。如有 1 个试件的抗拉强度不符合要求，应再取 6 个试件进行复检。复检中如仍有 1 个试件的抗拉强度不符合要求，则该验收批应评为不合格。

6.0.8　对焊接连接钢筋锚固板的每一验收批，应随机抽取 3 个试件，并按本规程第 3.2.3 条的抗拉强度要求进行评定。3 个试件的抗拉强度均应符合强度要求，该验收批评为合格。如有 1 个试件的抗拉强度不符合要求，应再取 6 个试件进行复检。复检中如仍有 1 个试件的抗拉强度不符合要求，则该验收批应评为不合格。

6.0.9　螺纹连接钢筋锚固板的现场检验，在连续 10 个验收批抽样试件抗拉强度一次检验通过的合格率为 100% 条件下，验收批试件数量可扩大 1 倍。当螺纹连接钢筋锚固板的验收批数量少于 200 个，焊接连接钢筋锚固板的验收批数量少于 120 个时，允许按上述同样方法，随机抽取 2 个钢筋锚固板试件作抗拉强度试验，当 2 个试件的抗拉强度均满足本规程第3.2.3条的抗拉强度要求时，该验收批应评为合格。如有1个试件的抗拉强度不满足要求，应再取4个试件进行复检。复检中如仍有1个试件的抗拉强度不满足要求，则该验收批应评为不合格。

3.3 预应力钢筋

浇筑混凝土之前，应进行预应力隐蔽工程验收。隐蔽工程验收应包括下列主要内容：
（1）预应力筋的品种、规格、级别、数量和位置；
（2）成孔管道的规格、数量、位置、形状、连接以及灌浆孔、排气兼泌水孔；
（3）局部加强钢筋的牌号、规格、数量和位置；
（4）预应力筋锚具和连接器及锚垫板的品种、规格、数量和位置。

预应力隐蔽工程反映预应力分项工程施工的综合质量，在浇筑混凝土之前验收是为了确保预应力筋等的安装符合设计要求并在混凝土结构中发挥其应有的作用。

预应力筋、锚具、夹具、连接器、成孔管道的进场检验，当满足下列条件之一时，其检验批容量可扩大一倍：
（1）获得认证的产品；
（2）同一厂家、同一品种、同一规格的产品，连续三批均一次检验合格。

对于预应力筋、锚具、夹具、连接器、成孔管道的进场检验数量，一般是按产品检验规则中规定的数量进行检验的，当符合本条规定时，检验批容量可扩大一倍，也就是检验数量可减半。

预应力筋进场时，应按国家现行标准《预应力混凝土用钢绞线》GB/T 5224、《预应力混凝土用钢丝》GB/T 5223、《预应力混凝土用螺纹钢筋》GB/T 20065 和《无粘结预应力钢绞线》JG 161 抽取试件作抗拉强度、伸长率检验，其检验结果应符合相应标准的规定。

检查数量：按进场的批次和产品的抽样检验方案确定。

检验方法：检查质量证明文件和抽样检验报告。

常用的预应力筋有钢丝、钢绞线、热处理钢筋等，其质量应符合本条规定的相应的现行国家标准或行业等标准的要求。预应力筋是预应力分项工程中最重要的原材料，进场时应根据进场批次和产品的抽样检验方案确定检验批，进行进场复验。由于各厂家提供的预应力筋产品合格证内容及格式不尽相同，为统一及明确有关内容，要求厂家除了提供产品合格证外，还应提供反映预应力筋主要性能的出厂检验报告，两者也可合并提供。进场检验仅作抗拉强度、伸长率检验。

无粘结预应力钢绞线进场时，应进行防腐润滑脂量和护套厚度的检验，检验结果应符合现行行业标准《无粘结预应力钢绞线》JG 161 的规定。

经观察认为涂包质量有保证时，无粘结预应力筋可不作油脂量和护套厚度的抽样检验。

检查数量：按现行行业标准《无粘结预应力钢绞线》JG 161 的规定确定。

检验方法：观察，检查质量证明文件和抽样检验报告。本条重点在于"经观察认为涂包质量有保证时"的掌握，要求检验人员有一定的经验。

　　无粘结预应力筋的涂包质量对保证预应力筋防腐及准确地建立预应力非常重要。涂包质量的检验内容主要有涂包层油脂用量、护套厚度及外观。当有可靠依据时，可仅作外观检查。

　　预应力筋进场后可能由于保管不当引起锈蚀、污染等，使用前应进行外观质量检查，并根据检查结果确定是否能应用于工程，必要时还应提出相应的处理措施。对无粘结预应力筋，若出现护套破损，不仅影响密封性，而且也会增加预应力摩擦损失，故应根据不同情况进行处理。

　　现行《无粘结预应力钢绞线》代号为 JG 161-2004，其进场检验规定如下：

　　A.1.1　进场检验为使用单位购买无粘结预应力钢绞线后，在使用前经现场抽样的验收检验。对于钢绞线可送交国家授权的质量检测机构进行检验，对于其他检测项目可送交检测机构或监理验收检验。

　　A.1.2　推荐的进场检验项目见表 A.1。

进场检验项目

表 A.1

钢绞线	防腐润滑脂	护套	外观
直径 整根钢绞线的最大力 规定非比例延伸力 最大力总伸长率	防腐润滑脂质量	护套厚度	外观

　　注：本表摘自《无粘结预应力钢绞线》JG 161—2004。

　　A.1.3　推荐的进场检验组批、抽样

　　A.1.3.1　无粘结预应力钢绞线可按批验收，每批质量不大于 60t。

　　A.1.3.2　每批随机抽取 3 根无粘结预应力钢绞线试样按表 A.1 中规定项目进行钢绞线、防腐润滑脂和护套的检验。

　　A.1.3.3　外观按供货数量 10% 检验。

　　预应力筋用锚具应和锚垫板、局部加强钢筋配套使用，锚具、夹具和连接器进场时，应按现行行业标准《预应力筋用锚具、夹具和连接器应用技术规程》JGJ 85 的相关规定对其性能进行检验，检验结果应符合该标准的规定。

　　锚具、夹具和连接器用量不足检验批规定数量的 50%，且供货方提供有效的试验报告时，可不作静载锚固性能试验。

　　检查数量：按现行行业标准《预应力筋用锚具、夹具和连接器应用技术规程》JGJ 85 的规定确定。

　　检验方法：检查质量证明文件、锚固区传力性能试验报告和抽样检验报告。《预应力筋用锚具、夹具和连接器应用技术规程》JGJ 85—2010 规定了检查数量。

　　锚具产品按合同验收后，应按下列规定的项目进行进场检验：

　　1　外观检查：应从每批产品中抽取 2% 且不应少于 10 套样品，其外形尺寸应符合产品质量保证书所示的尺寸范围，且表面不得有裂纹及锈蚀；当有下列情况之一时，应对本批产品的外观逐套检查，合格者方可进入后续检验：

　　1) 当有 1 个零件不符合产品质量保证书所示的外形尺寸，应另取双倍数量的零件重做检查，仍有 1 件不合格；

　　2) 当有 1 个零件表面有裂纹或夹片、锚孔锥面有锈蚀。

对配套使用的锚垫板和螺旋筋可按上述方法进行外观检查，但允许表面有轻度锈蚀。

2 硬度检验：对有硬度要求的锚具零件，应从每批产品中抽取3‰且不应少于5套样品（多孔夹片式锚具的夹片，每套应抽取6片）进行检验。硬度值应符合产品质量保证书的规定；当有1个零件不符合时，应另取双倍数量的零件重做检验；在重做检验中如仍有1个零件不符合，应对该批产品逐个检验，符合者方可进入后续检验。

3 静载锚固性能试验：应在外观检查和硬度检验均合格的锚具中抽取样品，与相应规格和强度等级的预应力筋组装成3个预应力筋-锚具组装件，可按规定进行静载锚固性能试验。

进场验收时，每个检验批的锚具不宜超过2000套，每个检验批的连接器不宜超过500套，每个检验批的夹具不宜超过500套。获得第三方独立认证的产品，其检验批的批量可扩大1倍。

处于三a、三b类环境条件下的无粘结预应力筋用锚具系统，应按现行行业标准《无粘结预应力混凝土结构技术规程》JGJ 92的相关规定检验其防水性能，检验结果应符合该标准的规定。

检查数量：同一品种、同一规格的锚具系统为一批，每批抽取3套。

检验方法：检查质量证明文件和抽样检验报告。

预应力筋进场时，应进行外观检查，其外观质量应符合下列规定：

（1）有粘结预应力筋的表面不应有裂纹、小刺、机械损伤、氧化铁皮和油污等，展开后应平顺，不应有弯折；

（2）无粘结预应力钢绞线护套应光滑、无裂缝，无明显褶皱；轻微破损处应外包防水塑料胶带修补，严重破损者不得使用。

检查数量：全数检查。

检验方法：观察。

无粘结预应力筋的涂包质量对保证预应力筋防腐及准确地建立预应力非常重要。涂包质量的检验内容主要有涂包层油脂用量、护套厚度及外观。当有可靠依据时，可仅作外观检查。

预应力筋进场后可能由于保管不当引起锈蚀、污染等，使用前应进行外观质量检查，并根据检查结果确定是否能应用于工程，必要时还应提出相应的处理措施。对有粘结预应力筋，可按各相关标准进行检查。对无粘结预应力筋，若出现护套破损，不仅影响密封性，而且也会增加预应力摩擦损失，故应根据不同情况进行处理。

预应力筋用锚具、夹具和连接器进场时，应进行外观检查，其表面应无污物、锈蚀、机械损伤和裂纹。

检查数量：全数检查。

检验方法：观察。

3.4 灌浆料

孔道灌浆用水泥应采用硅酸盐水泥或普通硅酸盐水泥，水泥、外加剂的质量应分别符合《混凝土结构工程施工质量验收规范》GB 50204—2015 第 7.2.1 条、第 7.2.2 条的规定；成品灌浆材料的质量应符合现行国家标准《水泥基灌浆材料应用技术规范》GB/T 50448 的规定。

检查数量：按进场批次和产品的抽样检验方案确定。

检验方法：检查质量证明文件和抽样检验报告。孔道灌浆一般采用素水泥浆。由于普通硅酸盐水泥浆的泌水率较小，故规定应采用普通硅酸盐水泥配制水泥浆。水泥浆中掺入外加剂可改善其稠度、泌水率、膨胀率、初凝时间、强度等特性，但预应力筋对应力腐蚀较为敏感，故水泥和外加剂中均不能含有对预应力筋有害的化学成分。

孔道灌浆所采用水泥和外加剂数量较少的一般工程，如果能提供近期采用的相同品牌和型号的水泥及外加剂的检验报告，也可不作水泥和外加剂性能的进场复验。

水泥及外加剂的要求参照混凝土分项工程中有关水泥及外加剂的要求。

现行《水泥基灌浆材料应用技术规范》代号为 GB/T 50448—2015，该标准规定了进场批次：

工程验收除应符合设计要求及现行国家标准《混凝土结构工程施工质量验收规范》GB 50204 的有关规定外。尚应符合下列规定：

1　灌浆施工时，应以每 50t 为一个留样检验批。不足 50t 时应按一个检验批计。

2　应以标准养护条件下的抗压强度留样试块的测试数据作为验收数据；同条件养护试件的留置组数应根据实际需要确定。

3　留样试件尺寸及试验方法应按《水泥基灌浆材料应用技术规范》GB/T 50448—2015 相关规定执行。

现场搅拌的灌浆用水泥浆的性能应符合下列规定：

（1）3h 自由泌水率宜为 0，且不应大于 1%，泌水应在 24h 内全部被水泥浆吸收；

（2）水泥浆中氯离子含量不应超过水泥重量的 0.06%；

（3）当采用普通灌浆工艺时，24h 自由膨胀率不应大于 6%；当采用真空灌浆工艺时，24h 自由膨胀率不应大于 3%。

检查数量：同一配合比检查一次。

检验方法：检查水泥浆配比性能试验报告。

减小泌水率，是为了获得密实饱满的灌浆效果。水泥浆中水的泌出往往造成孔道内的空腔，并引起预应力筋腐蚀。1% 以下的泌水可被灰浆吸收，因此应按本项的规定控制泌水率。

水泥浆的泌水率应在施工之前对所用的水泥及配合比做一次试验，以真实控制灌浆质量。

现场留置的孔道灌浆料试件的抗压强度不应低于 30MPa。

试件抗压强度检验应符合下列规定：

（1）每组应留取 6 个边长为 70.7mm 的立方体试件，并应标准养护 28d；

（2）试件抗压强度应取 6 个试件的平均值；当一组试件中抗压强度最大值或最小值与平均值相差超过 20% 时，应取中间 4 个试件强度的平均值。

检查数量：每工作班留置一组。

检验方法：检查试件强度试验报告。

灌浆质量应强调其密实性，以对预应力筋提供可靠的防腐保护。同时，水泥浆与预应力筋之间的粘结力也是预应力筋与混凝土共同工作的前提。参考国外的有关规定并考虑目前预应力筋的实际应用强度，规定了标准尺寸水泥浆试件的抗压强度不应小于 30MPa。

如何能保证水泥浆 28d 的强度值呢？规范并未对原材料的强度提出要求，也未对配合比提出试验要求，因此施工企业应加强质量控制，主要从水泥强度和水灰比上进行控制以保证水泥浆试件的强度，若水泥浆强度达不到 30MPa，将给验收带来麻烦。70.7mm 的立方体试块也就是砂浆试块的尺寸，一组试件由 6 个试件组成，注意不同于砂浆试件，砂浆试件一组为 3 个试件，现标准为《建筑砂浆基本性能试验方法》JGJ/T 70—2009，做一个了解。

3.5 预应力成孔管道

预应力成孔管道进场时，应进行管道外观质量检查、径向刚度和抗渗漏性能检验，其检验结果应符合下列规定：

（1）金属管道外观应清洁，内外表面应无锈蚀、油污、附着物、孔洞；波纹管不应有不规则褶皱，咬口应无开裂、脱扣；钢管焊缝应连续；

（2）塑料波纹管的外观应光滑、色泽均匀，内外壁不应有气泡、裂口、硬块、油污、附着物、孔洞及影响使用的划伤；

（3）径向刚度和抗渗漏性能应符合现行行业标准《预应力混凝土桥梁用塑料波纹管》JT/T 529 和《预应力混凝土用金属波纹管》JG 225 的规定。

检查数量：外观应全数检查；径向刚度和抗渗漏性能的检查数量应按进场的批次和产品的抽样检验方案确定。

检验方法：观察，检查质量证明文件和抽样检验报告。

目前，后张预应力工程中多采用金属螺旋管预留孔道。金属螺旋管的刚度和抗渗性能是很重要的质量指标，但试验较为复杂。由于金属螺旋管经运输、存放可能出现伤痕、变形、锈蚀、污染等，故使用前应进行尺寸和外观质量检查。

现行《预应力混凝土桥梁用塑料波纹管》代号为 JT/T 529—2004，其组批规则如下：

（1）组批与抽样

1）组批

产品以批为单位进行验收，同一配方、同一生产工艺、同设备稳定连续生产的一定数量的产品为一批，每批数量不超过 10000m。

2）抽样

产品检验以批为单位，外观质量检测时每次抽取五根（段）进行检测。

（2）判断规则

1）外观质量的判定

外观质量检测抽取的五根（段）产品中，当有三根（段）不符合 5.2 规定时，则该五根（段）所代表的产品不合格；若有两根（段）不符合规定时，可再抽取五根（段）进行检测，若仍有两根（段）不符合规定，则该批产品为不合格。

2）复验判定

在外观质量检验后，检验其他指标均合格时则判该批产品为合格批。

若其他指标中有一项不合格，则应在该产品中重新抽取双倍样品制作试样，对指标中的不合格项目进行复检，复检全部合格，判该批为合格批；检测结果若仍有一项不合格，则判该批产品为不合格。复检结果作为最终判定的依据。

《预应力混凝土用金属波纹管》的代号为 JG 225—2007，其组批规则如下：

（1）组批

预应力混凝土用金属波纹管按批进行检验。每批应由同一个钢带生产厂生产的同一批钢带所制造的预应力混凝土用金属波纹管组成。每半年或累计 50000m 生产量为一批，取产量最多的规格。

（2）取样数量、检验内容见表 9。

出厂检验内容 表 9

序号	项目名称	取样数量
1	外观	全部
2	尺寸	3
3	集中荷载下径向刚度	3
4	集中荷载作用后抗渗漏	3
5	弯曲后抗渗漏	3

注：本表摘自《预应力混凝土用金属波纹管》JG 225—2007。

3.6　混凝土工程

混凝土工程的质量取决于原材料和施工过程的质量控制，而混凝土成型后成为结构构件，规范规定作为现浇结构工程来验收。对于预制混凝土构件，规范规定作为装配式结构工程进行验收。

混凝土工程是从水泥、砂、石、水、外加剂、矿物掺合料等原材料进场检验、混凝土配合比设计及称量、拌制、运输、浇筑、养护、试件制作直至混凝土达到预定强度等一系列技术工作和完成实体的总称。混凝土分项工程所含的检验批可根据施工工序和验收的需要确定。混凝土强度应按现行国家标准《混凝土强度检验评定标准》GB/T 50107 的规定分批检验评定。划入同一检验批的混凝土，其施工持续时间不宜超过 3 个月。

检验评定混凝土强度时，应采用 28d 或设计规定龄期的标准养护试件。

试件成型方法及标准养护条件应符合现行国家标准《普通混凝土力学性能试验方法标准》GB/T 50081 的规定。采用蒸汽养护的构件，其试件应先随构件同条件养护，然后再置入标准养护条件下继续养护至 28d 或设计规定龄期。

原《混凝土结构工程施工质量验收规范》GB 50204—2002 没有对混凝土检验批（验收批）的施工持续时间作要求，现要求"划入同一检验批的混凝土，其施工持续时间不宜超过 3 个月。"虽未做强制要求，也未规定最长时间的限值，一般情况下，以 3 个月内的施工期作为混凝土的检验批。

检验评定混凝土强度时，应采用 28d 或设计规定龄期的标准养护试件。本款在实际操作中，难以把握，大多数情况下，设计没有规定混凝土标准养护的龄期。对于粉煤灰混凝土的养护期，可依据《粉煤灰混凝土应用技术规范》GBJ 146、《粉煤灰在混凝土和砂浆中应用技术规程》JGJ 28，地上工程宜为 28d；地面工程宜为 28d 或 60d；地下工程宜为 60d 或 90d；大体积混凝土工程宜为 90d 或 180d。在满足设计要求的条件下，以上各种工程采用的粉煤灰混凝土，其强度等级养护期也可采用相应的较长养护期。

对掺用矿物掺合料的混凝土，由于其强度增长较慢，以 28d 为验收龄期可能不合适，此时可按国家现行标准《粉煤灰混凝土应用技术规范》GBJ 146、《粉煤灰在混凝土和砂浆中应用技术规程》JGJ 28、《用于水泥与混凝土中粒化高炉矿渣粉》GB/T 18046 等的规定确定验收龄期。

《混凝土强度检验评定标准》GB/T 50107—2010 规定的强度评定方法如下：

混凝土强度应分批进行检验评定。一个检验批的混凝土应由强度等级相同、试验龄期相同、生产工艺条件和配合比基本相同的混凝土组成，注意现行规范规定划入同一检验批的混凝土，其施工持续时间不宜超过 3 个月。

（1）统计方法评定

采用统计方法评定时，应按下列规定进行：

1）当连续生产的混凝土，生产条件在较长时间内保持一致，且同一品种、同一强度等级混凝土的强度变异性保持稳定时，应按《混凝土强度检验评定标准》（GB/T 50107—2010）第 5.1.2 条的规定进行评定。

2）其他情况应按《混凝土强度检验评定标准》（GB/T 50107—2010）第 5.1.3 条的规定进行评定。

GB/T 50107—2010 第 5.1.2 规定一个检验批的样本容量应为连续的 3 组试件，其强度应同时符合下列规定：

$$m_{f_{cu}} \geqslant f_{cu,k} + 0.7\sigma_0$$

$$f_{cu,min} \geqslant f_{cu,k} - 0.7\sigma_0$$

检验批混凝土立方体抗压强度的标准差应按下式计算：

$$\sigma_0 = \sqrt{\frac{\sum_{i=1}^{n} f_{cu,i}^2 - nm^2 f_{cu}}{n-1}}$$

当混凝土强度等级不高于 C20 时，其强度的最小值尚应满足下式要求：

$$f_{cu,min} \geqslant 0.85 f_{cu,k}$$

当混凝土强度等级高于 C20 时，其强度的最小值尚应满足下式要求：

$$f_{cu,min} \geqslant 0.90 f_{cu,k}$$

式中　$m_{f_{cu}}$——同一检验批混凝土立方体抗压强度的平均值（N/mm²），精确到 0.1（N/

mm^2）；

$f_{cu,k}$——混凝土立方体抗压强度标准值（N/mm^2），精确到0.1（N/mm^2）；

σ_0——检验批混凝土立方体抗压强度的标准差（N/mm^2），精确到0.01（N/mm^2），当检验批混凝土强度标准差σ_0计算值小于$2.5N/mm^2$时，应取$2.5N/mm^2$；

$f_{cu,i}$——前一检验期内同一品种、同一强度等级的第i组混凝土试件的立方体抗压强度代表值（N/mm^2），精确到0.1（N/mm^2），该检验期不应少于60d人也不得大于90d；

n——前一检验批内样本容量，在该期内样本容量不应少于45；

$f_{cu,min}$——同一检验批混凝土立方体抗压强度的最小值（N/mm^2），精确到0.1（N/mm^2）。

GB/T 50107—2010第5.1.3条规定，当样本容量不少于10组时，其强度应同时满足下列要求：

$$m_{f_{cu}} \geqslant f_{cu,k} + \lambda_1 \cdot S_{f_{cu}}$$

$$f_{cu,min} \geqslant \lambda_2 \cdot f_{cu,k}$$

同一检验批混凝立方体抗压强度的标准差应按下式计算：

$$S_{f_{cu}} = \sqrt{\frac{\sum_{i=1}^{n} f_{cu,i}^2 - nm^2 f_{cu}}{n-1}}$$

式中 $S_{f_{cu}}$——同一检验批混凝土立方体抗压强度的标准差（N/mm^2），精确到0.01（N/mm^2），当检验批混凝土强度标准差$S_{f_{cu}}$计算值小于$2.5N/mm^2$时，应取$2.5N/mm^2$；

λ_1，λ_2——合格评定系数，按表3-21取用；

n——本检验期内的样本容量。

混凝土强度的合格评定系数　　　　　　　　　　　　　表 3-21

试件组数	10～14	15～19	≥20
λ_1	1.15	1.05	0.95
λ_2	0.90	0.85	

注：本表摘自《混凝土强度检验评定标准》（GB/T 50107—2010）。

（2）非统计方法评定

当用于评定的样本容量小于10组时，GB/T 50107—2010第5.2.2条规定应采用非统计方法评定混凝土强度。

按非统计方法评定混凝土强度时，其强度应同时符合下列规定：

$$m_{f_{cu}} \geqslant \lambda_3 \cdot f_{cu,k}$$

$$f_{cu,min} \geqslant \lambda_4 \cdot f_{cu,k}$$

式中 λ_3，λ_4——合格评定系数，应按表3-22取用。

混凝土强度的非统计法合格评定系数　　　　　　　　　　　　　　表 3-22

混凝土强度等级	<C60	≥C60
λ_3	1.15	1.10
λ_4	0.95	

注：本表摘自《混凝土强度检验评定标准》（GB/T 50107—2010）。

根据混凝土强度质量控制的稳定性，GB/T 50107—2010 将评定混凝土强度的统计法分为两种：标准差已知方案和标准差未知方案。

标准差已知方案：指同一品种的混凝土生产，有可能在较长的时期内，通过质量管理，维持基本相同的生产条件，即维持原材料、设备、工艺以及人员配备的稳定性，即使有所变化，也能很快予以调整而恢复正常。由于这类生产状况能使每批混凝土强度的变异性基本稳定，每批的强度标准差 σ_0 可根据前一时期生产累计的强度数据确定。符合以上情况时，采用标准差已知方案，即 GB/T 50107—2010 第 5.1.2 条的规定。一般来说，预制构件生产可以采用标准差已知方案。

标准差已知方案的 σ_0 由同类混凝土、生产周期不应少于 60d 且不宜超过 90d、样本容量不少于 45 的强度数据计算确定。假定其值延续在一个检验期内保持不变，3 个月后，重新按上一个检验期的强度数据计算 σ_0 值。

此外，标准差的计算方法由极差估计法改为公式计算法。同时，当计算得出的标准差小于 2.5 N/mm^2 时，取值为 2.5 N/mm^2。

标准差未知方案：指生产连续性较差，即在生产中无法维持基本相同的生产条件，或生产周期较短，无法积累强度数据以资计算可靠的标准差参数，此时检验评定只能直接根据每一检验批抽样的样本强度数据确定。为了提高检验的可靠性，GB/T 50107—2010 标准要求每批样本组数不少于 10 组。

混凝土强度的合格性评定

当检验结果满足《混凝土强度检验评定标准》GB/T 50107—2010 第 5.1.2 条、5.1.3 条或第 5.2.2 条的规定（即上述规定）时，则该批混凝土强度应评定为合格；当不能满足上述规定时，该批混凝土强度应评定为不合格。

对评定为不合格批的混凝土，可按国家现行的有关标准进行处理。

当对混凝土试件强度的代表性有怀疑时，可采用非破损检验方法或从结构构件中钻取芯样的方法，对结构构件中的混凝土强度进行推定，其结果作为质量问题处理的依据。

当采用非标准尺寸试件时，应将其抗压强度乘以尺寸折算系数，折算成边长为 150mm 的标准尺寸试件抗压强度。尺寸折算系数应按现行国家标准《混凝土强度检验评定标准》GB/T 50107 表 3.7.3（本书表 3-23）取用；其标准成型方法、标准养护条件及强度试验方法应符合现行国家标准《普通混凝土力学性能试验方法标准》的规定。

现行《普通混凝土力学性能试验方法标准》的代号是 GB/T 50081—2002。

（1）试件的制作

1）混凝土试件的制作应符合下列规定：

① 成型前，应检查试模尺寸并符合《混凝土试模》（JG 3019）的有关规定；试模内表面应涂一薄层矿物油或其他不与混凝土发生反应的脱模剂。

混凝土试件尺寸及强度的尺寸换算系数　　　　　　　　　表 3-23

骨料最大粒径(mm)	试件尺寸(mm)	强度的尺寸换算系数
≤31.5	100×100×100	0.95
≤40	150×150×150	1.00
≤63	200×200×200	1.05

注：对强度等级为 C60 及以上的混凝土宜采用标准尺寸，使用非标准尺寸试件时，尺寸折算系数应由试验确定，其试件数量不应少于 30 对组。

② 在试验室拌制混凝土时，其材料用量应以质量计，称量的精度：水泥、掺合料、水和外加剂为±0.5%；骨料为±1%。

③ 取样或试验室拌制的混凝土应在拌制后最短的时间内成型，一般不宜超过 15min。

④ 根据混凝土拌合物的稠度确定混凝土成型方法。坍落度不大于 70mm 的混凝土宜用振动振实；大于 70mm 的宜用捣棒人工捣实；检验现浇混凝土或预制构件的混凝土，试件成型方法宜与实际采用的方法相同。

⑤ 圆柱体试体的制作见《普通混凝土力学性能试验方法标准》GB/T 50081—2002 附录 A。

⑥ 试件的尺寸应根据混凝土中骨料的最大粒径按表 3-24 选定。

混凝土试件尺寸选用表　　　　　　　　　表 3-24

试件横截面尺寸(mm)	骨料最大粒径(mm)	
	劈裂抗拉强度试验	其他试验
100×100	20	31.5
150×150	40	40
200×200	—	63

注：1. 骨料最大粒径指的是符合《普通混凝土用碎石或卵石质量标准及检验方法》（JGJ 53—92）中规定的圆孔筛的孔径；

　　2. 本表摘自《普通混凝土力学性能试验方法标准》（GB/T 50081—2002）。

2) 混凝土试件制作应按下列步骤进行：

① 取样或拌制好的混凝土拌合物应至少用铁锹再来回拌合三次。

② 按前条第 4 款的规定，选择成型方法成型。

a. 用振动台振实制作试件应按下述方法进行：

a) 将混凝土拌合物一次装入试模，装料时应用抹刀沿各试模壁插捣，并使混凝土拌合物高出试模口；

b) 试模应附着或固定在符合要求的振动台上，振动时试模不得有任何跳动，振动应持续到表面出浆为止，不得过振。

b. 用人工插捣制作试件应按下述方法进行：

a) 混凝土拌合物应分两层装入模内，每层的装料厚度大致相等。

b) 插捣应按螺旋方向从边缘向中心均匀进行。在插捣底层混凝土时，捣棒应达到试模底部；插捣上层时，捣棒应贯穿上层后插入下层 20～30mm；插捣时捣棒应保持垂直，不得倾斜。然后应用抹刀沿试模内壁插捣数次。

c) 每层插捣次数按在 10000mm² 截面积内不得少于 12 次。

d) 插捣后应用橡皮锤轻轻敲击试模四周，直至插捣棒留下的空洞消失为止。

c. 用插入式振捣棒振实制作试件应按下述方法进行：

a) 将混凝土拌合物一次装入试模，装料时应用抹刀沿各试模壁插捣，并使混凝土拌合物高出试模口。

b) 宜用直径为 φ25mm 的插入式振捣棒，插入试模振捣时，振捣棒距试模底板 10～20mm 且不得触及试模底板，振动应持续到表面出浆为止，且应避免过振，以防止混凝土离析，一般振捣时间为 20s。振捣棒拔出时要缓慢，拔出后不得留有孔洞。

③ 刮除试模上口多余的混凝土，待混凝土临近初凝时，用抹刀抹平。

（2）试件的养护

1）试件成型后应立即用不透水的薄膜覆盖表面。

2）采用标准养护的试件，应在温度为 20±5℃ 的环境中静置一昼夜至两昼夜，然后编号、拆膜。拆膜后应立即放入温度为 20±2℃、相对湿度为 95％ 以上的标准养护室中养护，或在温度为 20±2℃ 的不流动的 $Ca(OH)_2$ 饱和溶液中养护。标准养护室内的试件应放在支架上，彼此间隔 10～20mm，试件表面应保持潮湿，并不得被水直接冲淋。

3）同条件养护试件的拆模时间可与实际构件的拆模时间相同，拆模后，试件仍需保持同条件养护。

结构验收时同条件养护的要求主要是结构构件同条件养护下的等效养护龄期，其要求在现浇结构验收中介绍。

4）标准养护龄期为 28d（从搅拌加水开始计时）。

在标准条件下养护 28d 的强度，作为混凝土强度验收评定的依据。当施工现场不具备标准养护条件时，应在见证人员见证下将试块送试验室进行标准养护。

5）混凝土试块的试验。

混凝土试块应按需要或规定的龄期送有资质的试验室试验，并按规定见证取样、送样，由试验室出具试验报告，试验报告应有工程名称、部位或构件名称、搅拌、振捣方法、养护方法（制度）、混凝土强度等级、试压日期、试块制作日期、龄期、试块编号、试块尺寸、强度等内容。并应有试验、复核、试验室负责人签字，要有报告的编号。

试验结果取三个试件强度的算术平均值作为每组试件强度的代表值；当一组试件中强度最大值或最小值与中间值之差超过中间值 15％ 时，取中间值作为该组试件的强度代表值；当一组试件强度最大值和最小值与中间值之差均超过中间值的 15％ 时，该组试件的强度不应作为评定的依据。

当混凝土试件强度评定不合格时，可采用非破损或局部破损的检测方法，并按国家现行有关标准的规定对结构构件中的混凝土强度进行推定，并应按《普通混凝土力学性能试验方法标准》GB/T 50081—2002 第 10.2.2 条的规定进行处理。

即当出现试件强度评定不符合《混凝土强度检验评定标准》GB 50107 的要求时，江苏省应根据《回弹法检测泵送混凝土抗压强度技术规程》DGJ/TJ 193—2015 等地方标准对混凝土强度进行检测，根据国家《回弹法检测混凝土抗压强度技术规程》JGJ/T 23—2011 的规定，当有地方标准检测方法推定结构的混凝土强度时，应使用地方标准。《混凝土结构工程施工质量验收规范》GB 50204 明确了采用非破损或局部破损的检测方法的法律地位，通过检测得到的推定强度可作为结构是否需要处理的依据。

规范规定为当混凝土结构施工质量不符合要求时，应按下列规定进行处理：

（1）经返工、返修或更换构件、部件的，应重新进行验收；

（2）经有资质的检测机构按国家现行相关标准检测鉴定达到设计要求的，应予以验收；

（3）经有资质的检测机构按国家现行相关标准检测鉴定达不到设计要求，但经原设计单位核算并确认仍可满足结构安全和使用功能的，可予以验收；

（4）经返修或加固处理能够满足结构可靠性要求的，可根据技术处理方案和协商文件进行验收。

混凝土有耐久性指标要求时，应按现行行业标准《混凝土耐久性检验评定标准》JGJ/T 193 的规定检验评定。

现行《混凝土耐久性检验评定标准》的代号为 JGJ/T 193—2009，其耐久性指标为：

混凝土耐久性检验评定的项目可包括抗冻性能、抗水渗透性能、抗硫酸盐侵蚀性能、抗氯离子渗透性能、抗碳化性能和早期抗裂性能。当混凝土需要进行耐久性检验评定时，检验评定的项目及其等级或限值应根据设计要求确定。

大批量、连续生产的同一配合比混凝土，混凝土生产单位应提供基本性能试验报告。混凝土的基本性能主要有以下几项：

（1）和易性混凝土拌合物最重要的性能。它综合表示拌合物的稠度、流动性、可塑性、抗分层离析泌水的性能及易抹面性等。测定和表示拌合物和易性的方法和指标很多，中国主要采用截锥坍落筒测定的，混凝土现场坍落度（毫米），干硬性混凝土用维勃仪测定的维勃时间（秒），作为稠度的主要指标。

（2）强度混凝土硬化后的最重要的力学性能，是指混凝土抵抗压、拉、弯、剪等应力的能力。水灰比、水泥品种和用量、集料的品种和用量以及搅拌、成型、养护，都直接影响混凝土的强度。混凝土按标准抗压强度（以边长为 150mm 的立方体为标准试件，在标准养护条件下养护 28d，按照标准试验方法测得的具有 95％保证率的立方体抗压强度）划分强度等级。混凝土的抗拉强度仅为其抗压强度的 1/13～1/8。提高混凝土抗拉、抗压强度的比值是混凝土改性的重要方面。

（3）变形混凝土在荷载或温湿度作用下会产生变形，主要包括弹性变形、塑性变形、收缩和温度变形等。混凝土在短期荷载作用下的弹性变形主要用弹性模量表示。在长期荷载作用下，应力不变，应变持续增加的现象为徐变，应变不变，应力持续减少的现象为松弛。由于水泥水化、水泥石的碳化和失水等原因产生的体积变形，称为收缩。混凝土的变形分为两类，一类是在荷载作用下的受力变形，如单调短期加载的变形、荷载长期作用下的变形以及多次重复加载的变形；另一类与受力无关，称为体积变形，如混凝土收缩以及温度变化引起的变形。

（4）耐候性在一般情况下，混凝土具有良好的耐候性。但在寒冷地区，特别是在水位变化的工程部位以及在饱水状态下受到频繁的冻融交替作用时，混凝土易于损坏。为此对混凝土要有一定的抗冻性要求。用于不透水的工程时，要求混凝土具有良好的抗渗性和耐蚀性。抗渗性、抗冻性、抗侵蚀性为混凝土耐久性。

根据《预拌混凝土》GB/T 14902—2012，混凝土的性能为：混凝土强度、混凝土拌和物坍落度和扩展度、混凝土的耐久性能。一般情况下，混凝土生产单位应提供坍落度和强度试验报告。

3.7 混凝土工程原材料

7.2.1 水泥进场时，应对其品种、代号、强度等级、包装或散装编号、出厂日期等进行检查，并应对水泥的强度、安定性和凝结时间进行检验，检验结果应符合现行国家标准《通用硅酸盐水泥》GB 175 等的相关规定。

检查数量：按同一厂家、同一品种、同一代号、同一强度等级、同一批号且连续进场的水泥，袋装不超过 200t 为一批，散装不超过 500t 为一批，每批抽样数量不应少于一次。

检验方法：检查质量证明文件和抽样检验报告。

该条为强制性条文。

水泥是混凝土最重要的组分之一。规范规定，水泥进场时应进行 3 项检查。第一要对其品种、级别、包装或散装编号、出厂日期等进行检查，即对实物进行检查。第二应检查产品合格证，出厂检验报告、产品合格证和检测报告可以合并，但其指标及检测结果必须明确。第三应对其强度、安定性及其他必要的性能指标进行复验，正常情况下，抽样复验安定性和强度；建设部 2005 年第 141 号令《建设工程质量检测管理办法》规定水泥复验是见证取样检测项目。安定性不合格的水泥严禁使用，强度指标必须符合规定。

由于水泥保存期短，容易潮解、失效或变质，故又规定当在使用中对水泥质量有怀疑或水泥出厂超过三个月（快硬硅酸盐水泥超过一个月）时，应进行复验，此时的复验就不仅是安定性、强度复验，应根据情况对其他指标进行复验，并按复验结果使用。

氯盐对钢材具有很强的腐蚀性，且会改变混凝土的导电性能，对混凝土的耐久性和使用安全不利。因此，规定钢筋混凝土结构、预应力混凝土结构中，严禁使用含氯化物的水泥。

水泥进场时，应根据产品合格证检查其品种、级别以及包装等。水泥的存放应干燥、通风、分类码放、加以标识，注明品种、强度、出厂日期等，避免混料错批。

常用水泥的质量标准为《通用硅酸盐水泥》（GB 175—2007）。

（1）强度等级

1）硅酸盐水泥的强度等级分为 42.5、42.5R、52.5、52.5R、62.5、62.5R 六个等级。

2）普通硅酸盐水泥的强度等级分为 42.5、42.5R、52.5、52.5R 四个等级。

3）矿渣硅酸盐水泥、火山灰质硅酸盐水泥、粉煤灰硅酸盐水泥、复合硅酸盐水泥的强度等级分为32.5、32.5R、42.5、42.5R、52.5、52.5R 六个等级。

（2）技术要求

1）化学指标

化学指标应符合《通用硅酸盐水泥》（GB 175—2007）的规定。

2）碱含量（选择性指标）

水泥中碱含量按 $Na_2O+0.658K_2O$ 计算值表示。若使用活性骨料，用户要求提供低碱水泥时，水泥中的碱含量应不大于0.60%或由买卖双方协商确定。

3）物理指标

① 凝结时间

硅酸盐水泥初凝不小于45min，终凝不大于6.5h。

普通硅酸盐水泥、矿渣硅酸盐水泥、火山灰质硅酸盐水泥、粉煤灰硅酸盐水泥和复合硅酸盐水泥初凝不小于45min，终凝不大于10h。

② 安定性

沸煮法合格。

③ 强度

不同品种、不同强度等级的通用硅酸盐水泥，其不同龄期的强度应符合表3-25的规定。

水泥强度指标（MPa） 表3-25

品种	强度等级	抗压强度		抗折强度	
		3d	28d	3d	28d
硅酸盐水泥	42.5	≥17.0	≥42.5	≥3.5	≥6.5
	42.5R	≥22.0		≥4.0	
	52.5	≥23.0	≥52.5	≥4.0	≥7.0
	52.5R	≥27.0		≥5.0	
	62.5	≥28.0	≥62.5	≥5.0	≥8.0
	62.5R	≥32.0		≥5.5	
普通硅酸盐水泥	42.5	≥17.0	≥42.5	≥3.5	≥6.5
	42.5R	≥22.0		≥4.0	
	52.5	≥23.0	≥52.5	≥4.0	≥7.0
	52.5R	≥27.0		≥5.0	
矿渣硅酸盐水泥 火山灰质硅酸盐水泥 粉煤灰硅酸盐水泥 复合硅酸盐水泥	32.5	≥10.0	≥32.5	≥2.5	≥5.5
	32.5R	≥15.0		≥3.5	
	42.5	≥15.0	≥42.5	≥3.5	≥6.5
	42.5R	≥19.0		≥4.0	
	52.5	≥21.0	≥52.5	≥4.0	≥7.0
	52.5R	≥23.0		≥4.5	

注：本表摘自《通用硅酸盐水泥》（GB 175—2007）；R为早强水泥。

④ 细度（选择性指标）

硅酸盐水泥和普通硅酸盐水泥以比表面积表示，不小于300m²/kg；矿渣硅酸盐水泥、火山灰质硅酸盐水泥、粉煤灰硅酸盐水泥和复合硅酸盐水泥以筛余表示，$80\mu m$ 方孔筛筛余不大于 10% 或 $45\mu m$ 方孔筛筛余不大于 30%。

（3）检验规则

1）出厂检验项目为化学指标、凝结时间、安定性和强度。

2）判定规则

① 检验结果符合标准为合格品。

② 检验结果不符合标准中的任何一项技术要求为不合格品。

（4）检验报告

出厂检验报告内容应包括出厂检验项目、细度、混合材料品种和掺加量、石膏和助磨剂的品种及掺加量及合同约定的其他技术要求。当用户需要时，生产者应在水泥发出之日起 7d 内寄发除 28d 强度以外的各项检验结果，32d 内补报 28d 强度的检验结果。

（5）交货与验收

1）交货时水泥的质量验收可抽取实物试样以其检验结果为依据，也可以生产者同编号水泥的检验报告为依据。采取何种方法验收由买卖双方商定，并在合同或协议中注明。卖方有告知买方验收方法的责任。当无书面合同或协议，或未在合同、协议中注明验收方法的，卖方应在发货票上注明"以本厂同编号水泥的检验报告为验收依据"字样。

2）以抽取实物试样的检验结果为验收依据时，买卖双方应在发货前或交货地共同取样和签封。取样方法按《水泥取样方法》GB/T 12573 进行，取样数量为 20kg，缩分为二等分。一份由卖方保存 40d，一份由买方按《通用硅酸盐水泥》GB 175—2007 标准规定的项目和方法进行检验。

在 40d 以内，买方检验认为产品质量不符合《通用硅酸盐水泥》GB 175—2007 标准要求，而卖方又有异议时，则双方应将卖方保存的另一份试样送省级或省级以上国家认可的水泥质量监督检验机构进行仲裁检验。水泥安定性仲裁检验时，应在取样之日起 10d 以内完成。

3）以生产者同编号水泥的检验报告为验收依据时，在发货前或交货时买方在同编号水泥中取样，双方共同签封后由卖方保存 90d，或认可卖方自行取样、签封并保存 90d 的同编号水泥的封存样。

在 90d 内，买方对水泥质量有疑问时，则买卖双方应将共同认可的试样送省级或省级以上国家认可的水泥质量监督检验机构进行仲裁检验。

（6）包装、标志、运输与储存

1）包装

水泥可以散装或袋装，袋装水泥每袋净含量为 50kg，且应不少于标志质量的 99%；随机抽取 20 袋总质量（含包装袋）应不少于 1000kg。其他包装形式由供需双方协商确定，但有关袋装质量要求，应符合上述规定。水泥包装袋应符合 GB 9774 的规定。

2）标志

水泥包装袋上应清楚标明：执行标准、水泥品种、代号、强度等级、生产者名称、生产许可证标志（QS）及编号、出厂编号、包装日期、净含量。包装袋两侧应根据水泥的品种采用不同的颜色印刷水泥名称和强度等级，硅酸盐水泥和普通硅酸盐水泥采用红色，矿渣硅酸盐水泥采用绿色，火山灰质硅酸盐水泥、粉煤灰硅酸盐水泥和复合硅酸盐水泥采用黑色或蓝色。

散装发运时应提交与袋装标志相同内容的卡片。

3）运输与储存

水泥在运输与储存时不得受潮和混入杂物，不同品种和强度等级的水泥在储运中避免混杂。

（7）水泥取样方法

《水泥取样方法》（GB/T 12573—2008）规定了水泥的取样方法。

1）取样工具

手工取样器

手工取样器可自行设计制定，常见手工取样器参见图 3-1、图 3-2。

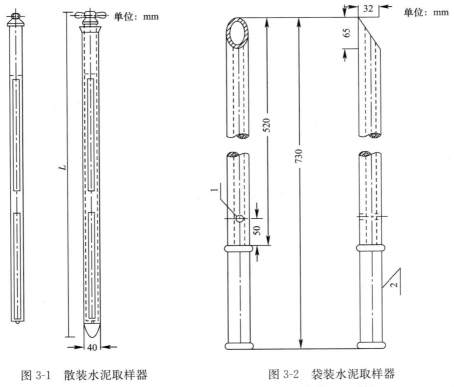

图 3-1　散装水泥取样器
$L=1000\sim2000$

图 3-2　袋装水泥取样器
1—气孔；2—手柄

2）取样部位

取样应在有代表性的部位进行，并且不应在污染严重的环境中取样。一般在以下部位取样：

① 水泥输送管路中；

② 袋装水泥堆场；

③ 散装水泥卸料处或水泥运输机具上。

3）取样步骤

手工取样

① 散装水泥

当所取水泥深度不超过 2m 时，每一个编号内采用散装水泥取样器随机取样。通过转动取样器内管控制开关，在适当位置插入水泥一定深度，关闭后小心抽出，将所取样品放入符合《水泥取样方法》（GB/T 12573—2008）要求的容器中。每次抽取的单样量应尽量一致。

② 袋装水泥

每一个编号内随机抽取不少于 20 袋水泥，采用袋装水泥取样器取样，将取样器沿对角线方向插入水泥包装袋中，用大拇指按住气孔，小心抽出取样管，将所取样品放入符合要求的容器中。每次抽取的单样量应尽量一致。

4）取样量

① 混合样的取样量为 20kg。

② 分割样的取样量应符合下列规定：

袋装水泥：每 1/10 编号从一袋中取至少 6kg；

散装水泥：每 1/10 编号在 5min 内取至少 6kg。

7.2.2 混凝土外加剂进场时，应对其品种、性能、出厂日期等进行检查，并应对外加剂的相关性能指标进行检验，检验结果应符合现行国家标准《混凝土外加剂》GB 8076 和《混凝土外加剂应用技术规范》（GB 50119）等的规定。

检查数量：按同一厂家、同一品种、同一性能、同一批号且连续进场的混凝土外加剂，不超过 50t 为一批，每批抽样数量不应少于一次。

检验方法：检查质量证明文件和抽样检验报告。

由于混凝土外加剂种类众多，其质量指标本书无法一一介绍，在工程质量验收时，核查外加剂的复试报告，其复试结果符合外加剂的质量指标即可。

外加剂匀质性指标应符合表 3-26 的要求。

匀质性指标 表 3-26

项目	指标	项目	指标
氯离子含量（%）	不超过生产厂控制值	密度（g/cm³）	$\rho>1.1$ 时,应控制在 $\rho\pm0.03$；$\rho\leq1.1$ 时,应控制在 $\rho\pm0.02$
总碱量（%）	不超过生产厂控制值	细度	应在生产厂控制范围内
含固量（%）	$S>25\%$时,应控制在 $0.95S\sim1.05S$；$S\leq25\%$时,应控制在 $0.90S\sim1.10S$	pH 值	应在生产厂控制范围内
含水率（%）	$W>5\%$时,应控制在 $0.90W\sim1.10W$；$W\leq5\%$时,应控制在 $0.80W\sim1.20W$	硫酸钠含量（%）	不超过生产厂控制值

注：1. 生产厂应在相关的技术资料中明示产品匀质性指标的控制值；

2. 对相同和不同批次之间的匀质性和等效性的其他要求，可由供需双方商定；

3. 表中的 S、W 和 ρ 分别为含固量、含水率和密度的生产厂控制值；

4. 本表摘自《混凝土外加剂》（GB 8076—2008）。

掺外加剂混凝土性能指标见表 3-27。

受检混凝土性能指标

表3-27

项目		高性能减水剂 HPWR			高效减水剂 HWR		普通减水剂 WR			引气减水剂 AEWR	泵送剂 PS	早强剂 Ac	缓凝剂 Re	引气剂 AE
		早强型 HPWR-A	标准型 HPWR-S	缓凝型 HPWR-R	标准型 HWR-S	缓凝型 HWR-R	早强型 WR-A	标准型 WR-S	缓凝型 WR-R					
减水率(%),不小于		25	25	25	14	14	8	8	8	10	12	—	—	6
泌水率比(%),不大于		50	60	70	90	100	95	100	100	70	70	100	100	70
含气量(%)		≤6.0	≤6.0	≤6.0	≤3.0	≤4.5	≤4.0	≤4.0	≤5.5	≤3.0	≤5.5	—	—	≥3.0
凝结时间之差(min)	初凝	−90 +90	−90 +120	>90	−90 +120	>+90	−90 +120	−90 +120	>+90	−90 +120	—	−90 +90	>+90	−90 +120
	终凝	—	—	—	—	—	—	—	—	—	—	—	—	—
1h经时变化量	坍落度(mm)	—	≤80	≤60	—	—	—	—	—	—	≤80	—	—	—
	含气量(%)	—	—	—	—	—	—	—	—	−1.5 +1.5	—	—	—	−1.5 +1.5
抗压强度比(%),不大于	1d	180	170	—	140	—	135	—	—	—	—	135	—	—
	3d	170	160	—	130	—	130	115	—	115	—	130	—	95
	7d	145	150	140	125	125	110	115	110	110	115	110	100	95
	28d	130	140	130	120	120	100	110	110	100	110	100	100	90
收缩率比(%),不大于	28d	110	110	110	135	135	135	135	135	135	135	135	135	135
相对耐久性(200次)(%),不小于		—	—	—	—	—	—	—	—	80	—	—	—	80

注：1. 表中抗压强度比、相对耐久性、收缩率比为强制性指标，相对耐久性为推荐性指标，其余为推荐性指标；
2. 除含气量外，表中所列数据为掺外加剂混凝土与基准混凝土的差值或比值；
3. 凝结时间之差性能指标中的"—"号表示提前，"+"号表示延缓；
4. 相对耐久性(200次)性能指标中的"≥80"表示将28d龄期的受检混凝土试件快速冻融循环200次后，动弹性模量保留值≥80%；
5. 1h含气量经时变化量指标中的"—"号表示含气量减小，"+"号表示含气量增加；
6. 其他品种的外加剂是否有相对耐久性指标，由供、需双方协商确定；
7. 当用户对泵送剂等产品有特殊要求时，需要进行的补充试验项目、试验方法及指标，由供需双方协商决定；
8. 本表摘自《混凝土外加剂》(GB 8076—2008)。

混凝土、外加剂试验项目及所需数量详见表 3-28。

试验项目及所需数量 表 3-28

试验项目		外加剂类别	试验类别	试验所需数量			
				混凝土拌合批数	每批取样数目	基准混凝土总取样数目	受检混凝土总取样数目
减水率		除早强剂、缓凝剂外的各种外加剂	混凝土拌合物	3	1次	3次	3次
泌水率比		各种外加剂		3	1个	3个	3个
含气量				3	1个	3个	3个
凝结时间差				3	1个	3个	3个
1h经时变化量	坍落度	高性能减水剂、泵送剂		3	1个	3个	3个
	含气量	引气剂、引气减水剂		3	1个	3个	3个
抗压强度比		各种外加剂	硬化混凝土	3	6、9或12块	18、27或36块	18、27或36块
收缩比率				3	1块	3块	3块
相对耐久		引气减水剂、引气剂	硬化混凝土	3	1块	3块	3块

注：1. 试验时，检验同一种外加剂的三批混凝土的制作宜在开始试验一周内的不同日期完成。对比的基准混凝土和受检混凝土应同时成型；

2. 试验龄期参考表 3-27 试验项目栏；

3. 试验前后应仔细观察试样，对有明显缺陷的试样和试验结果都应舍除；

4. 本表摘自《混凝土外加剂》（GB 8076—2008）。

检验规则

（1）取样及编号

1）试样分点样和混合样。点样是在一次生产的产品中所得试样，混合样是三个或更多的点样等量均匀混合而取得的试样。

2）生产厂应根据产量和生产设备条件，将产品分批编号，掺量大于1％（含1％）同品种的外加剂每一编号 100t，掺量小于1％的外加剂每一编号为 50t，不足 100t 或 50t 的也可按一个批量计，同一编号的产品必须混合均匀。

3）每一编号取样量不少于 0.2t 水泥所需用的外加剂量。

（2）试样及留样

每一编号取得的试样应充分混匀，分为两等分，一份按规定项目进行试验，另一份要密封保存半年，以备有疑问时提交国家指定的检测机构进行复验或仲裁。

（3）检验分类

1）出厂检验：每编号外加剂检验项目，根据其品种不同按表 3-29 项目进行检验。

2）型式检验（略）。

（4）判定规则

产品经检验，匀质性符合表 3-27 的要求，可判定该批产品检验合格。

现场抽检时根据上述原则进行。

外加剂测定项目 表 3-29

测定项目	外加剂品种													备注
	高性能减水剂 HPWR			高效减水剂 HWR		普通减水剂 WR			引气减水剂 AEWR	泵送剂 PA	早强剂 Ac	缓凝剂 Re	引气剂 AE	
	早强型 HPWR-A	标准型 HPWR-S	缓凝型 HPWR-R	标准型 HWR-S	缓凝型 HWR-R	早强型 WR-A	标准型 WR-S	缓凝型 WR-R						
含固量														液体外加剂必测
含水率														粉状外加剂必测
密度														液体外加剂必测
细度														粉状外加剂必测
pH值	√	√	√	√	√	√	√	√	√	√	√	√	√	
氯离子含量	√	√	√	√	√	√	√	√	√	√	√	√	√	每3个月至少一次
硫酸钠含量				√	√						√			每3个月至少一次
总碱量	√	√	√	√	√	√	√	√	√	√	√	√	√	每年至少一次

注：本表摘自《混凝土外加剂》(GB 8076—2008)。

一般项目

7.2.3 混凝土用矿物掺合料进场时，应对其品种、技术指标、出厂日期等进行检查，并应对矿物掺合料的相关技术指标进行检验，检验结果应符合国家现行有关标准的规定。

检查数量：按同一厂家、同一品种、同一技术指标、同一批号且连续进场的矿物掺合料，粉煤灰、石灰石粉、磷渣粉和钢铁渣粉不超过 200t 为一批，粒化高炉矿渣粉和复合矿物掺合料不超过 500t 为一批，沸石粉不超过 120t 为一批，硅灰不超过 30t 为一批，每批抽样数量不应少于一次。

检验方法：检查质量证明文件和抽样检验报告。

混凝土中掺用矿物掺合料的质量应符合现行国家标准《用于水泥和混凝土中的粉煤灰》(GB/T 1596) 等的规定。矿物掺合料的掺量应通过试验确定。

混凝土掺合料的种类主要有粉煤灰、粒化高炉矿渣粉、沸石粉、硅灰和复合掺合料等，目前尚没有产品质量标准。对各种掺合料，均应提出相应的质量要求，并通过试验确定其掺量。工程应用时，尚应符合国家现行标准《粉煤灰混凝土应用技术规范》(GB/T 50146) 的要求。

粉煤灰的质量指标见表 3-30。

粉煤灰现场取样

组批与取样

1. 以连续供应的 200t 相同等级的粉煤灰为一批。不足 200t 者按一批论，粉煤灰的数量按干灰（含水量小于 1％）的重量计算。

2. 取样方法。

1）每一编号为一取样单位，当散装粉煤灰运输工具的容量超过该厂规定出厂编号吨数时，允许该编号的数量超过取样规定的吨数。

2）取样方法按 GB 12573 进行。取样应有代表性，可连续取，也可从 10 个以上不同部位取等量样品，总量至少 3kg。

3）拌制混凝土和砂浆用粉煤灰，必要时，买方可对粉煤灰的技术要求进行随机抽样检验。

复验时应做细度、烧失量和含水量检验。

拌制水泥混凝土和砂浆用粉煤灰的技术要求　　　　　　表 3-30

项目		技术要求（％），不大于		
		Ⅰ级	Ⅱ级	Ⅲ级
细度（45μm 方孔筛筛余）（％），不大于	F 类粉煤灰	12.0	25.0	45.0
	C 类粉煤灰			
需水量比（％），不大于	F 类粉煤灰	95.0	105.0	115.0
	C 类粉煤灰			
烧失量（％），不大于	F 类粉煤灰	5.0	8.0	15.0
	C 类粉煤灰			
含水量（％），不大于	F 类粉煤灰	1.0		
	C 类粉煤灰			
三氧化硫（％），不大于	F 类粉煤灰	3.0		
	C 类粉煤灰			
游离氧化钙（％），不大于	F 类粉煤灰	1.0		
	C 类粉煤灰	4.0		
安定性（雷氏夹沸煮后增加距离）（mm），不大于	F 类粉煤灰	5.0		
	C 类粉煤灰			

注：本表摘自《用于水泥和混凝土中的粉煤灰》（GB/T 1596—2005）。

7.2.4　混凝土原材料中的粗骨料、细骨料质量应符合现行行业标准《普通混凝土用砂、石质量及检验方法标准》（JGJ 52）的规定，使用经过净化处理的海砂应符合现行行业标准《海砂混凝土应用技术规范》（JGJ 206）的规定，再生混凝土骨料应符合现行国家标准《混凝土用再生粗骨料》（GB/T 25177）和《混凝土和砂浆用再生细骨料》（GB/T 25176）的规定。

检查数量：按现行行业标准《普通混凝土用砂、石质量及检验方法标准》（JGJ 52）的规定确定。

检验方法：检查抽样检验报告。

1. 混凝土用的粗骨料，其最大颗粒粒径不得超过构件截面最小尺寸的 1/4，且不得超过钢筋最小净距的 3/4。

2. 对混凝土实心板，骨料的最大粒径不宜超过板厚的 1/3，且不得超过 40mm。

本条规定普通混凝土用的粗、细骨料的质量应符合国家行业标准《普通混凝土用砂、石质量及检验方法标准》（JGJ 52）的规定，所以在工程验收时不使用《建设用卵石、碎石》（GB/T 14685）和《建设用砂》（GB/T 14684）两个标准。

砂的质量要求

（1）砂的粗细程度按细度模数 μ_f 分为粗、中、细、特细四级，其范围应符合下列规定：

粗砂：$\mu_f = 3.7 \sim 3.1$

中砂：$\mu_f = 3.0 \sim 2.3$

细砂：$\mu_f = 2.2 \sim 1.6$

特细砂：$\mu_f = 1.5 \sim 0.7$

（2）砂筛应采用方孔筛。砂的公称粒径、砂筛筛孔的公称直径和方孔筛筛孔边长应符合表 3-31 的规定。

除特细砂外，砂的颗粒级配可按公称直径 $630\mu m$ 筛孔的累计筛余量（以质量百分率计，下同）分成三个级配区（表 3-32），且砂的颗粒级配处于表 3-32 中的某一区内。

砂的实际颗粒级配与表 3-32 中的累计筛余相比，除公称粒径为 5.00mm 和 $630\mu m$ 的累计筛余外，其余公称粒径的累计筛余可稍有走出分界线，但总走出量不应大于 5%。

当天然砂的实际颗粒级配不符合要求时，宜采取相应的技术措施，并经试验证明能确保混凝土质量后，方允许使用。

砂的公称粒径、砂筛筛孔的公称直径和方孔筛筛孔边长尺寸 表 3-31

砂的公称粒径	砂筛筛孔的公称直径	方孔筛筛孔边长
5.00mm	5.00mm	4.75mm
2.50mm	2.50mm	2.36mm
1.25mm	1.25mm	1.18mm
$630\mu m$	$630\mu m$	$600\mu m$
$315\mu m$	$315\mu m$	$300\mu m$
$160\mu m$	$160\mu m$	$150\mu m$
$80\mu m$	$80\mu m$	$75\mu m$

注：本表摘自《普通混凝土用砂、石质量及检验方法标准》（JGJ 52—2006）。

砂颗粒级配区 表 3-32

累计筛余（%） 级配区 公称粒径	Ⅰ区	Ⅱ区	Ⅲ区
5.00mm	10～0	10～0	10～0
2.50mm	35～5	25～0	15～0
1.25mm	65～35	50～10	25～0
$630\mu m$	85～71	70～41	40～16
$315\mu m$	95～80	92～70	85～55
$160\mu m$	100～90	100～90	100～90

注：本表摘自《普通混凝土用砂、石质量及检验方法标准》（JGJ 52—2006）。

配制混凝土时宜优先选用Ⅱ区砂。当采用Ⅰ区砂时，应提高砂率，并保持足够的水泥用量，满足混凝土的和易性；当采用Ⅲ区砂时，宜适当降低砂率；当采用特细砂时，应符合相应的规定。

配制泵送混凝土，宜选用中砂。

（3）天然砂中含泥量应符合表3-33的规定。

天然砂中含泥量 表 3-33

混凝土强度等级	≥C60	C55～C30	≤C25
含泥量(按质量计,%)	≤2.0	≤3.0	≤5.0

注：本表摘自《普通混凝土用砂、石质量及检验方法标准》(JGJ 52—2006)。

对于有抗冻、抗渗或其他特殊的小于或等于C25混凝土用砂，其含泥量不应大于3.0%。

（4）砂中泥块含量应符合表3-34的规定。

砂中泥块含量 表 3-34

混凝土强度等级	≥C60	C55～C30	≤C25
泥块含量(按质量计,%)	≤0.5	≤1.0	≤2.0

注：本表摘自《普通混凝土用砂、石质量及检验方法标准》(JGJ 52—2006)。

对于有抗冻、抗渗或其他特殊要求的小于或等于C25混凝土用砂，其泥块含量不应大于1.0%。

（5）人工砂或混合砂中石粉含量应符合表3-35的规定。

人工砂或混合砂中石粉含量 表 3-35

混凝土强度等级		≥C60	C55～C30	≤C25
石粉含量 (%)	MB<1.4(合格)	≤5.0	≤7.0	≤10.0
	MB≥1.4(不合格)	≤2.0	≤3.0	≤5.0

注：本表摘自《普通混凝土用砂、石质量及检验方法标准》(JGJ 52—2006)。

（6）砂的坚固性应采用硫酸钠溶液检验，试样经5次循环后，其质量损失应符合表3-36的规定。

砂的坚固性指标 表 3-36

混凝土所处的环境条件及其性能要求	5次循环后的质量损失(%)
在严寒及寒冷地区室外使用并经常处于潮湿或干湿交替状态下的混凝土 对于有抗疲劳、耐磨、抗冲击要求的混凝土 有腐蚀介质作用或经常处于水位变化区的地下结构混凝土	≤8
其他条件下使用的混凝土	≤10

注：本表摘自《普通混凝土用砂、石质量及检验方法标准》(JGJ 52—2006)。

（7）人工砂的总压碎值指标应小于30%。

（8）当砂中含有云母、轻物质、有机物、硫化物及硫酸盐等有害物质时，其含量应符合表3-37的规定。

砂中的有害物质含量 表 3-37

项 目	质量指标
云母含量(按质量计,%)	≤2.0
轻物质含量(按质量计,%)	≤1.0
硫化物及硫酸盐含量(折算成 SO_3,按质量计,%)	≤1.0
有机物含量(用比色法试验)	颜色不应深于标准色。当颜色深于标准色时,应按水泥胶砂强度试验方法进行强度对比试验,抗压强度比不应低于 0.95

注:本表摘自《普通混凝土用砂、石质量及检验方法标准》(JGJ 52—2006)。

对于有抗冻、抗渗要求的混凝土用砂,其云母含量不应大于 1.0%。

当砂中含有颗粒状的硫酸盐或硫化物杂质时,应进行专门检验,确认能满足混凝土耐久性要求后,方可采用。

(9) 对于长期处于潮湿环境的重要混凝土结构用砂,应采用砂浆棒(快递法)或砂浆长度法进行骨料的碱活性检验。经上述检验判断为有潜在危害时,应控制混凝土中的碱含量不超过 $3kg/m^3$,或采用能抑制碱-骨料反应的有效措施。

(10) 砂中氯离子含量应符合下列规定:

1) 对于钢筋混凝土用砂,其氯离子含量不得大于 0.06%(以干砂的质量百分率计);

2) 对于预应力混凝土用砂,其氯离子含量不得大于 0.02%(以干砂的质量百分率计)。

(11) 海砂中贝壳含量应符合表 3-38 的规定。

海砂中贝壳含量 表 3-38

混凝土强度等级	≥C60	C55~C30	≤C25~C15
贝壳含量(按质量计,%)	≤3	≤5	≤8

注:本表摘自《普通混凝土用砂、石质量及检验方法标准》(JGJ 52—2006)。

对于有抗冻、抗渗或其他特殊要求的小于或等于 C25 混凝土用砂,其贝壳含量不应大于 5%。

石的质量要求

(1) 石筛应采用方孔筛。石的公称粒径、石筛筛孔的公称直径与方孔筛筛孔边长应符合表 3-39 的规定。

石筛筛孔的公称直径与方孔筛尺寸(mm) 表 3-39

石的公称粒径	石筛筛孔的公称直径	方孔筛筛孔边长	石的公称粒径	石筛筛孔的公称直径	方孔筛筛孔边长
2.50	2.50	2.36	31.5	31.5	31.5
5.00	5.00	4.75	40.0	40.0	37.5
10.0	10.0	9.5	50.0	50.0	53.0
16.0	16.0	16.0	63.0	63.0	63.0
20.0	20.0	19.0	80.0	80.0	75.0
25.0	25.0	26.5	100.0	100.0	90.0

注:本表摘自《普通混凝土用砂、石质量及检验方法标准》(JGJ 52—2006)。

碎石或卵石的颗粒级配,应符合表 3-40 的要求。混凝土用石应采用连续粒级。

单粒级宜用于组合成满足要求的连续粒级；也可与连续粒级混合使用，以改善其级配或配成较大粒度的连续粒级。

当卵石的颗粒级配不符合表 3-40 要求时，应采取措施并经试验证实能确保工程质量后，方允许使用。

碎石或卵石的颗粒级配范围　　　　　　　　　表 3-40

级配情况	公称粒级	累计筛余，按质量（%）											
		方孔筛筛孔边长尺寸（mm）											
		2.36	4.75	9.5	16.0	19.0	26.5	31.5	37.5	53	63	75	90
连续粒级	5~10	95~100	80~100	0~15	0	—	—	—	—	—	—	—	—
	5~16	95~100	85~100	30~60	0~10	0	—	—	—	—	—	—	—
	5~20	95~100	90~100	40~80	—	0~10	0	—	—	—	—	—	—
	5~25	95~100	90~100	—	30~70	—	0~5	0	—	—	—	—	—
	5~31.5	95~100	90~100	70~90	—	15~45	—	0~5	0	—	—	—	—
	5~40	—	95~100	70~90	—	30~65	—	—	0~5	0	—	—	—
	10~20	—	95~100	85~100	—	0~15	0	—	—	—	—	—	—
	16~31.5	—	95~100	—	85~100	—	—	0~10	—	0	—	—	—
	20~40	—	—	95~100	—	80~100	—	—	0~10	—	0	—	—
	31.5~63	—	—	—	95~100	—	75~100	45~75	—	—	0~10	0	—
	40~80	—	—	—	—	95~100	—	70~100	—	—	30~60	0~10	0

注：本表摘自《普通混凝土用砂、石质量及检验方法标准》（JGJ 52—2006）。

（2）碎石或卵石中针、片状颗粒含量应符合表 3-41 的规定。

针、片状颗粒含量　　　　　　　　　表 3-41

混凝土强度等级	≥C60	C55~C30	≤C25
针、片状颗粒含量（按质量计，%）	≤8	≤15	≤25

注：本表摘自《普通混凝土用砂、石质量及检验方法标准》（JGJ 52—2006）。

（3）碎石或卵石中含泥量应符合表 3-42 的规定。

碎石或卵石中含泥量　　　　　　　　　表 3-42

混凝土强度等级	≥C60	C55~C30	≤C25
含泥量（按质量计，%）	≤0.5	≤1.0	≤2.0

注：本表摘自《普通混凝土用砂、石质量及检验方法标准》（JGJ 52—2006）。

对于有抗冻、抗渗或其他特殊要求的混凝土，其所用碎石或卵石中含泥量不应大于1.0%。当碎石或卵石的含泥是非黏土质的石粉时，其含泥量可由 0.5%、1.0%、2.0%，分别提高到 1.0%、1.5%、3.0%。

（4）碎石或卵石中泥块含量应符合表 3-43 的规定。

碎石或卵石中泥块含量 表 3-43

混凝土强度等级	≥C60	C55～C30	≤C25
泥块含量(按质量计,%)	≤0.2	≤0.5	≤0.7

注：本表摘自《普通混凝土用砂、石质量及检验方法标准》(JGJ 52—2006)。

对于有抗冻、抗渗或其他特殊要求的强度等级小于 C30 的混凝土，其所用碎石或卵石中泥块含量不应大于 0.5％。

(5) 碎石的强度可用岩石的抗压强度和压碎值指标表示。岩石的抗压强度应比所配制的混凝土强度至少高 2.0％。当混凝土强度等级大于或等于 C60 时，应进行岩石抗压强度检验。岩石强度首先应由生产单位提供，工程中可采用压碎值指标进行质量控制。碎石的压碎值指标宜符合表 3-44 的规定。

碎石的压碎值指标 表 3-44

岩石品种	混凝土强度等级	碎石压碎值指标(%)
沉积岩	C60～C40	≤10
	≤C35	≤16
变质岩或深成的火成岩	C60～C40	≤12
	≤C35	≤20
喷出的火成岩	C60～C40	≤13
	≤C35	≤30

注：1. 沉积岩包括石灰岩、砂岩等；变质岩包括片麻岩、石英岩等；深成的火成岩包括花岗岩、正长岩、闪长岩和橄榄岩等；喷出的火成岩包括玄武岩和辉绿岩等；
    2. 本表摘自《普通混凝土用砂、石质量及检验方法标准》(JGJ 52—2006)。

卵石的强度可用压碎值指标表示，其压碎值指标宜符合表 3-45 的规定。

卵石的压碎值指标 表 3-45

混凝土强度等级	C60～C40	≤C35
压碎值指标(%)	≤12	≤16

注：本表摘自《普通混凝土用砂、石质量及检验方法标准》(JGJ 52—2006)。

(6) 碎石或卵石的坚固性应用硫酸钠溶液法检验。试样经 5 次循环后，其质量损失应符合表 3-46 的规定。

碎石或卵石的坚固性指标 表 3-46

混凝土所处的环境条件及其性能要求	5 次循环后的质量损失(%)
在严寒及寒冷地区室外使用,并处于潮湿或干湿交替状态下的混凝土;有腐蚀性介质作用或经常处于水位变化区的地下结构或有抗疲劳、耐磨、抗冲击等要求的混凝土	≤8
在其他条件下使用的混凝土	≤12

注：本表摘自《普通混凝土用砂、石质量及检验方法标准》(JGJ 52—2006)。

(7) 碎石或卵石中的有硫化物和硫酸盐含量以及卵石中有机物等有害物质含量，应符合表 3-47 的规定。

碎石或卵石中的有害物质含量   表 3-47

项目	质量要求
硫化物及硫酸盐含量(折算成 SO_3,按质量计,%)	≤1.0
卵石中有机物含量(用比色法试验)	颜色应不深于标准色。当颜色深于标准色时,应配制成混凝土进行强度对比试验,抗压强度比应不低于 0.95

注：本表摘自《普通混凝土用砂、石质量及检验方法标准》(JGJ 52—2006)。

当碎石或卵石中含有颗粒状硫酸盐或有硫化物杂质时，应进行专门检验。确认能满足混凝土耐久性要求后，方可采用。

(8) 对于长期处于潮湿环境的重要结构混凝土，其所使用的碎石或卵石应进行碱活性检验。

进行碱活性检验时，首先应采用岩相法检验碱活性骨料的盐种、类型和数量。当检验出骨料中含有活性二氧化硅时，应采用快速砂浆棒法和砂浆长度法进行碱活性检验；当检验出骨料中含有活性碳酸盐时，应采用岩石柱法进行碱活性检验。

经上述检验，当判定骨料存在潜在碱-碳酸盐反应危害时，不宜用作混凝土骨料；否则，应通过专门的混凝土试验，做最后评定。

当判定骨料存在潜在碱-硅反应危害时，应控制混凝土中的碱含量不超过 $3kg/m^3$，或采用能抑制碱-骨料反应的有效措施。

7.2.5 混凝土拌制及养护用水应符合现行行业标准《混凝土用水标准》(JGJ 63) 的规定。采用饮用水时，可不检验；采用中水、搅拌站清洗水、施工现场循环水等其他水源时，应对其成分进行检验。

检查数量：同一水源检查不应少于一次。

检验方法：检查水质检验报告。

考虑到今后生产中利用工业处理水的发展趋势，除采用饮用水外，也可采用其他水源，但其质量应符合国家现行标准《混凝土拌合用水标准》(JGJ 63) 的要求。

第4章 构件生产

4.1 模具

4.1.1 模具要求

（1）模板应按图加工、制作。通用性强的模板宜制作成定型模板。

（2）模板应保证构件各部分形状、尺寸和位置准确，且应便于钢筋安装和混凝土浇筑、养护。

（3）模板首次使用及大修后应全数检查其尺寸，使用中应定期检查并不定期抽查其尺寸，允许偏差和检查方法应符合表 4-1 的规定。

<table>
<tr><td colspan="4" align="center">预制构件模板允许偏差和检查方法　　　　　　　　　　　表 4-1</td></tr>
<tr><td colspan="2" align="center">项　　目</td><td align="center">允许偏差（mm）</td><td align="center">检查方法</td></tr>
<tr><td rowspan="4">长度</td><td>板、梁</td><td>±4</td><td rowspan="4">钢尺量两角边，取其中较大值</td></tr>
<tr><td>薄腹梁、桁架</td><td>±8</td></tr>
<tr><td>柱</td><td>0，—10</td></tr>
<tr><td>墙板</td><td>0，—5</td></tr>
<tr><td rowspan="2">宽度</td><td>板、墙板</td><td>0，—5</td><td rowspan="2">钢尺量一端及中部，取其中较大值</td></tr>
<tr><td>梁、薄腹梁、桁架、柱</td><td>+2，—5</td></tr>
<tr><td rowspan="3">高（厚）度</td><td>板</td><td>+2，—3</td><td rowspan="3">钢尺量一端及中部，取其中较大值</td></tr>
<tr><td>墙板</td><td>0，—5</td></tr>
<tr><td>梁、薄腹梁、桁架、柱</td><td>+2，—5</td></tr>
<tr><td rowspan="2">构件长度 l 内的侧向弯曲</td><td>梁、板、柱</td><td>l/1000 且≤10</td><td rowspan="2">拉线、钢尺量最大弯曲处</td></tr>
<tr><td>墙板、薄腹梁、桁架</td><td>l/1500 且≤10</td></tr>
<tr><td colspan="2" align="center">板的表面平整度</td><td>3</td><td>2m 靠尺和塞尺检查</td></tr>
<tr><td colspan="2" align="center">相邻两板表面高低差</td><td>1</td><td>2m 靠尺和塞尺检查</td></tr>
<tr><td rowspan="2">对角线差</td><td>板</td><td>7</td><td rowspan="2">钢尺量两个对角线</td></tr>
<tr><td>墙板</td><td>5</td></tr>
<tr><td>翘曲</td><td>板、墙板</td><td>l/1500</td><td>调平尺在两端量测</td></tr>
<tr><td>设计起拱</td><td>薄腹梁、桁架、梁</td><td>±3</td><td>拉线、钢尺量跨中</td></tr>
<tr><td colspan="2" align="center">底板表面平整度</td><td>2</td><td>2m 靠尺和塞尺量测</td></tr>
<tr><td colspan="2" align="center">端部模与侧模高度差</td><td>1</td><td>钢尺</td></tr>
</table>

注：l 为模具与混凝土接触面中最长边的尺寸。

（4）接触混凝土的模板表面应平整，并应具有良好的耐磨性和硬度；清水混凝土的模板面板材料应保证脱模后所需的饰面效果。

（5）预制构件的模具除应满足承载力、刚度和整体稳定性，能可靠承受浇筑混凝土的侧压力外，尚应符合下列要求：

1）应满足预制构件质量、生产工艺、模具组装与拆卸、周转次数等要求，对跨度较大的预制构件的模具应根据设计要求预设反拱。

2）应满足预制构件预留孔洞、插筋、预埋件的安装定位要求。

3）模具尺寸的允许偏差和检验方法应符合表 4-1 的规定。当设计有要求时，模具尺寸的偏差应按设计要求确定。

4.1.2 模具组装

（1）组模前检查模具是否清理干净，有无损坏、变形、缺件。

（2）模具组装应保证混凝土结构构件各部分形状、尺寸和相对位置准确。螺栓应拧紧，确保模具所有尺寸偏差控制在允许偏差范围内。

（3）对固定在模板上的预埋件、预留孔和预留洞，应检查其数量和尺寸，允许偏差应符合表 4-2 的规定。

<table>
<tr><td colspan="3" align="center">预埋件、预留孔和预留洞的允许偏差</td><td align="right">表 4-2</td></tr>
<tr><td colspan="2" align="center">项　目</td><td colspan="2" align="center">允许偏差（mm）</td></tr>
<tr><td colspan="2" align="center">预埋钢板中心线位置</td><td colspan="2" align="center">3</td></tr>
<tr><td colspan="2" align="center">预埋管、预留孔中心线位置</td><td colspan="2" align="center">3</td></tr>
<tr><td rowspan="2" align="center">插筋</td><td align="center">中心线位置</td><td colspan="2" align="center">5</td></tr>
<tr><td align="center">外露长度</td><td colspan="2" align="center">+10，0</td></tr>
<tr><td rowspan="2" align="center">预埋螺栓</td><td align="center">中心线位置</td><td colspan="2" align="center">2</td></tr>
<tr><td align="center">外露长度</td><td colspan="2" align="center">+10，0</td></tr>
<tr><td rowspan="2" align="center">预留洞</td><td align="center">中心线位置</td><td colspan="2" align="center">10</td></tr>
<tr><td align="center">截面内部尺寸</td><td colspan="2" align="center">+10，0</td></tr>
</table>

注：1. l 为构件长度（mm）。

　　2. 检查中心线位置时，应沿纵、横两个方向量测，并取其中的较大值。

（4）模具组装时应在拼接处贴上密封胶条，密封胶条粘贴要平直，无间断，无褶皱，胶条不应在转角处搭接，拼缝处不应有间隙，以防漏浆。

（5）模具组装时不要遗忘埋件、接线盒、螺母、螺栓或磁盒。

（6）模具须采用磁吸盒或螺丝与底板固定，以防止模具因底边漏浆使模具上浮，造成构件超厚。

（7）涂隔离剂：

1）模具与混凝土接触面应清理干净并涂刷隔离剂；

2）隔离剂应采用水溶性隔离剂，但不得采用影响结构性能或妨碍装饰面的隔离剂；

3）隔离剂涂刷前应检查模具表面是否清洁，可以采用喷涂或涂刷方式；

4）隔离剂涂刷时，应均匀、无遗漏、模具内无积液，且不得污染钢筋、预埋件和混凝土接槎处。

（8）在浇注混凝土之前，应对模具几何尺寸进行复核，其组装应符合下列要求：

1）模具的拼缝处应严密不漏浆；

2）模板内不应有杂物、积水或冰雪（室外作业）；

3）模板与混凝土的接触面应平整、清洁；

4）用作模板的地坪、胎膜等应平整、清洁，不应有影响构件质量的下沉、裂缝、起砂或起鼓；

5）对清水混凝土或装饰混凝土构件，应使用能达到设计效果的模具。

（9）固定在模具上的预埋件、预留孔洞均不得遗漏，且应安装牢固。

（10）预埋件和预留孔洞的位置应满足设计和施工方案的要求，当设计无具体要求时，其偏差应符合表 4-2 的规定。

（11）模具拆卸，先拆吊模，再按先内后外、先面后底顺序拆卸。模具拆卸时不得用锤敲击或硬撬，以免造成模具变形损坏，模具拆除后应及时清理涂油，搁置在模架上待用。

4.2　钢筋加工、连接与安装

4.2.1　钢筋加工

（1）钢筋的规格、品种应符合图纸设计要求，当需要进行钢筋代换时，应办理设计变更文件。

（2）钢筋的表面应清洁，无损伤、油渍、漆污；带有颗粒状、片状老锈或除锈后有严重的表面缺陷钢筋不得使用。

（3）钢筋宜采用无延伸功能的机械设备进行调直，也可采用冷拉方法调直。当采用冷拉方法调直时，HPB235、HPB300 光圆钢筋的冷拉率不宜大于 4%；HRB335、HRB400、HRB500、HRBF335、HRBF400、HRBF500 及 RRB400 带肋钢筋的冷拉率不宜大于 1%。

钢筋调直过程中不应损伤带肋钢筋的横肋。调直后的钢筋应平直，不应有局部弯折。

（4）钢筋加工宜在常温状态下进行，加工过程中不应加热钢筋。钢筋弯折应一次完成，不得反复弯折。

（5）钢筋弯折的内弧直径应符合下列规定：

1）光圆钢筋的弯弧内直径不应小于钢筋直径的 2.5 倍。

2）335MPa 级、400MPa 级带肋钢筋的弯弧内直径不应小于钢筋直径的 4 倍。

3）直径为 28mm 以下的 500MPa 级带肋钢筋的弯弧内直径不应小于钢筋直径的 6 倍，直径为 28mm 及以上的 500MPa 级带肋钢筋的弯弧内直径不应小于钢筋直径的 7 倍。

4）纵向受力钢筋的弯折后平直段长度应符合设计要求。光圆钢筋末端做 180°弯钩时，弯钩的平直段长度不应小于钢筋直径的 3 倍，作受压钢筋使用时，光圆钢筋末端可不作弯钩。

5）箍筋弯折处的弯弧内直径尚不应小于纵向受力钢筋直径。

（6）除焊接封闭箍筋外，箍筋、拉筋的末端应按设计要求作弯钩。当设计无具体要求时，应符合下列规定：

1）对一般结构构件，箍筋弯钩的弯折角度不应小于 90°，弯折后平直段长度不应小于箍筋直径的 5 倍；对有抗震设防及设计有专门要求的结构构件，箍筋弯钩的弯折角度不应小于 135°，弯折后平直段长度不应小于箍筋直径的 10 倍和 75mm 的较大值。

2）圆柱箍筋的搭接长度不应小于钢筋的锚固长度，两末端均应作 135° 弯钩，弯折后平直部分长度对一般结构构件不应小于箍筋直径的 5 倍，对有抗震设防要求的结构构件不应小于箍筋直径的 10 倍。

3）梁、柱复合箍筋中的单肢箍筋两端弯钩的弯折角度均不应小于 135°，弯折后平直段长度应符合本条第一款对箍筋的有关规定。

4）拉筋两端弯钩的弯折角度均不应小于 135°，弯折后平直部分长度不应小于拉筋直径的 10 倍。

（7）单面搭接焊，焊接封闭箍筋下料长度和端头加工应按焊接工艺确定。多边形焊接封闭箍筋的焊点设置应符合下列规定：

1）每个箍筋的焊点数量应为 1 个，焊点宜位于多边形箍筋中的某边中部，且距箍筋弯折处的位置不宜小于 100mm；

2）矩形柱箍筋焊点宜设在柱短边，等边多边形柱箍筋焊点可设在任一边；不等边多边形柱箍筋应加工成焊点位于不同边上的两种类型；

3）梁箍筋焊点应设置在顶边或底边。

（8）钢筋加工的形状、尺寸应符合设计要求，其偏差应符合表 4-3 的规定。

钢筋加工的允许偏差 表 4-3

项目	允许偏差（mm）
受力钢筋沿长度方向的净尺寸	±10
弯起钢筋的弯折位置	±20
箍筋外廓尺寸	±5

（9）当钢筋采用机械锚固措施时，应符合现行国家标准《混凝土结构设计规范》GB 50010 等的有关规定。

4.2.2 钢筋连接

钢筋的连接方式有：焊接连接、机械连接、绑扎连接和套筒连接。连接方式应根据设计要求和施工条件选用，钢筋接头的位置应符合设计和施工方案要求，受力钢筋的接头应设置在受力较小处，而且在同一根钢筋上应少设接头。接头末端至钢筋弯起点的距离不应小于钢筋公称直径的 10 倍。

1. 机械连接

钢筋采用机械连接时，钢筋机械连接接头力学性能、弯曲性应符合国家现行行业标准《钢筋机械连接通用技术规程》JGJ 107 的有关规定。钢筋采用机械连接时，螺纹接头应检验拧紧扭矩力，挤压接头应量测压痕直径，应符合现行行业标准《钢筋机械连接通用技术规程》JGJ 107 的有关规定。机械连接接头的混凝土保护层厚度应符合现行国家标准

《混凝土结构设计规范》GB 50010 中受力钢筋最小保护层厚度的规定，且不得小于 15mm；接头之间的横向净距不宜小于 25mm。

2. 焊接连接

（1）钢筋采用搭接焊或帮条焊时，宜采用双面焊，但不能采用双面焊时，方可采用单面焊。帮条焊接头或搭接焊接头的焊缝厚度 s 应不小于主筋直径的 0.3 倍；焊缝宽度 b 不应小于主筋直径的 0.8 倍。

（2）搭接焊接头，适用于直径 40mm 以下的 HPB235 级、直径 10～40mm 的 HRB335 级、HRB400 级和直径 1 和直径 10～25mm 的 RRB 级钢筋。搭接接头应先预弯，以保证两极钢筋的轴线在一条直线上。双面焊时对 HPB235 级钢筋不小于 5 倍钢筋直径，对 HRB335 级、HRB400 和 RRB400 级钢筋 5 倍箍筋钢筋直径；单面焊时对 HPB235 级钢筋不小于 8 倍钢筋直径，对 HRB335 级、HRB400 和 RRB400 级钢筋 10 倍箍筋钢筋直径。

（3）接头焊接时，除应符合现行行业标准《钢筋焊接及验收规程》JGJ 18 的有关规定外，还应符合下列要求：

1）每批钢筋焊接之前，应进行焊接性能试验。合格后，方可进行正式生产。

2）钢筋对焊焊接施工之前，应清除钢筋或钢板焊接部位和电极接触表面的构件表面的锈斑、油污、杂物等；构件端部当有弯折、扭曲时，应予以矫直或切除。

3. 钢筋挤压套筒连接

（1）操作人员须经培训，持证上岗。

（2）应对套筒作外观尺寸检查，对不同的直径钢筋的套筒不得相互串用。

（3）钢筋连接时，端头的锈皮、泥沙、油污等杂物应清理干净。钢筋与套筒应进行试套，如钢筋有马蹄、飞边、弯折或纵肋尺寸超大者，应先矫正或用手提砂轮修磨，超大部分禁止用电气焊切割。

（4）钢筋端头应有定位标志和检查标志，以确保钢筋伸入的长度。定位标志距离钢筋端部的距离为钢套筒长度的 1/2，按标记检查钢筋伸入套筒内的深度，钢筋端头距离套筒长度中心不宜超过 10mm。

4. 直螺纹套筒连接

钢筋螺纹加工要求：

1）钢筋螺纹的丝头、牙型、螺距等必须与连接套筒的牙型、螺距一致，钢筋套丝结构允许偏差应符合表 4-4。

钢筋套丝结构允许偏差表 表 4-4

序号	检查项目	量具名称	检验要求
1	螺纹牙型	目测、卡尺、牙规	牙型完好,螺纹大径低于中径的不完整的丝扣累计长度不得超过梁螺纹长度
2	丝头长度	卡尺	拧紧后钢筋在套筒外露丝扣长度应大于 0 扣且不超过 1 扣
3	螺纹直径	螺纹环规	检查工作时,合格的工件应当能通过通端而不能通过止端,即螺纹完全旋入环柜,而旋入环止规不超过 2P,及判定螺纹尺寸合格

2）加工钢筋螺纹时，宜采用水溶性润滑液；当气温低于 0℃ 时，应掺入 15%～20% 亚硝酸钠，不得用机油作润滑剂或不加润滑套丝。

3）对端部不直的钢筋要预先调直，按规程要求，切口的端部应与轴线垂直，不得有马蹄形或挠曲，因此刀片时切断机和气割度均不能满足精度要求，通常采用砂轮切割机，按配料长度逐根进行切割下料。

4）已检验合格的丝头，应加以保护戴上保护帽，并按规格分类堆放整齐待用。

5. 钢筋绑扎连接

（1）纵向钢筋绑扎连接时采用 20 号、22 号铁丝（火烧丝）或镀锌铅丝（其中 22 号丝只用于直径 12mm 以下的钢筋），将两根满足规定搭接长度要求的纵向钢筋在搭接部分的中间和两端绑扎在一起。

纵向受拉钢筋的最小搭接长度应表 4-5 的规定。

纵向受拉钢筋的最小搭接长度

表 4-5

钢筋类型		混凝土强度			
		C15	C20～C25	C30～C35	≥C40
光圆钢筋	HPB235 级	$45dv$	$35dv$	$30dv$	$25dv$
带肋钢筋	HRB335 级	$55dv$	$45dv$	$35dv$	$30dv$
	HRB400 级	—	$55dv$	$40dv$	$35dv$

注：d 为钢筋直径，两根直径不同的钢筋的搭接以较细的钢筋直径计算。

（2）纵向受压钢筋搭接时，其最小搭接长度应按上述最小受拉钢筋注销搭接长度数值乘以系数 0.7 取用。同时，在任何情况下，受压钢筋搭接长度不应小于 200mm。

（3）当纵向受拉钢筋搭接接头面积百分率不大于 25％时，$v＝1.0$；当纵向受拉钢筋搭接接头面积百分率大于 25％，但不大于 50％时，$v＝1.2$；但纵向受拉钢筋搭接接头面积百分率大于 50％时，$v＝1.35$。

（4）当带肋钢筋的直径大于 25mm 时，其最小搭接长度应按表中数值乘以系数 1.1 取用。

（5）对环氧树脂涂层的带肋钢筋，其最小搭接长度应按表中数值乘以系数 1.25 取用。

（6）当在混凝土凝结过程中受力钢筋易受扰动时，（如滑模），其最小搭接长度应按表中数值乘以系数 1.1 取用。

（7）对末端采用机械锚固措施的带肋钢筋，应按表中数值乘以系数 0.7 取用。

（8）当带肋钢筋的混凝土保护层厚度大于搭接钢筋直径的 3 倍且配有箍筋时，应按表中数值乘以系数 0.8 取用。

（9）对有抗震设防要求的结构构件，其受拉钢筋的最小搭接长度：对一、二级抗震等级应按表中数值乘以系数 1.15 取用。

（10）在任何情况下，受拉钢筋的搭接长度不应小于 300mm。

（11）受力钢筋的接头位置设在受力较小处，接头末端至钢筋弯起点的距离应不小于钢筋直径的 10 倍。

（12）若采用绑扎搭接接头，则接头相邻纵向受力钢筋的绑扎接头宜相互错开。绑扎钢筋接头连接区的长度为 1.3 倍搭接长度（l）。凡搭接接头中点位于该区域段的搭接接头均属于同一连接区段。位于同一区段内的受拉钢筋搭接接头面积百分率为 25％。

（13）当钢筋的直径 $d≥16$ 时，不宜采用绑扎接头。

（14）采用钢筋绑扎安装时，钢筋间距应符合设计要求，当采用焊接网片时，网片质量应符合现行国家标准《钢筋混凝土用钢筋焊接网》GB/T 1499.3 的相关规定。

4.2.3 钢筋的加工、绑扎与安装

1. 一般要求

（1）钢筋的规格/型号应符合图纸设计要求；

（2）钢筋表面应没有泥浆、油渍、油漆、松锈、松氧化皮、油脂或可能对钢筋和混凝土起不良化学反应或降低粘接性能的其他物质，钢筋表面必须清理干净，否则不得浇入混凝土内。

2. 钢筋断料

（1）批量断料前，根据图纸绘制出配筋单和钢筋骨架安装图。配筋单要标明钢筋规格、材料长度、外形尺寸及数量，先制作小样，确认无误后，才能进行批量断料；

（2）待断钢筋应平直、无局部弯曲，盘条钢筋需经调直处理；

（3）断料备料时应按配料单进行，根据原材料长度及待断钢筋的长度和数量，长短搭配，统筹排料，先长后短、降低损耗，主筋下料长度允许误差±5mm；

（4）在断料过程中，如发现钢筋有劈裂、缩头，或严重弯头等必须切除；如发现钢筋的硬度与该钢种有较大的出入时，应及时向有关人员反映，查明情况；

（5）切断机刀片应安装牢固，刀口要密合，钢筋的断口不得有马蹄形或弯起现象；

（6）断好的钢筋按规格、长度存放在有标识专用搁置架上备用。

3. 钢筋弯曲

受力钢筋的弯钩和弯折应符合规范规定，弯钩的弯后平直部分长度应符合图纸要求，弯曲后表面不得有裂纹，弯曲尺寸允许偏差：受力钢筋长度为±5mm；弯起钢筋的弯折位置为±10mm。

4. 钢筋骨架成型

绑扎或焊接钢筋骨架前应仔细核对钢筋的规格、牌号及断料尺寸是否符合设计图纸要求。保证所有水平分布筋、箍筋和纵筋的尺寸、间距及保护层厚度符合设计图纸要求。

（1）采用人工绑扎成型时，钢筋绑扎应符合下列规定：

1）钢筋绑扎连接时采用20号、22号铁丝（火烧丝）或镀锌铅丝（其中22号丝只用于直径12mm以下的钢筋）。

2）板和墙板的钢筋网片，处靠外周两行钢筋的交叉点全部扎牢外，中间部分可间隔交错扎牢，但必须绑扎受力构件不发生位移。双向受力的钢筋网片，须全部扎牢。

3）边缘构件范围的箍筋要与主筋垂直，构件转角与主筋交叉点处宜采用兜扣法全数绑扎，其他部位绑丝要互成八字形绑扎，绑扎接头应向内。钢筋弯钩叠合处沿柱子竖向钢筋交错布置绑扎。

4）墙体水平分布筋、纵向分布筋的每个绑扎点采用两根绑丝，剪力墙身拉筋应按双向拉筋与梅花双向拉筋布置。

5）电气盒预埋位置下部需留预留线路接线槽口，墙板钢筋接线槽口处钢筋应断开，做法见图 4-1。

6）所有预制钢筋吊环埋入混凝土深度不应小于 $30d$。叠合板吊环须穿过桁架钢筋或

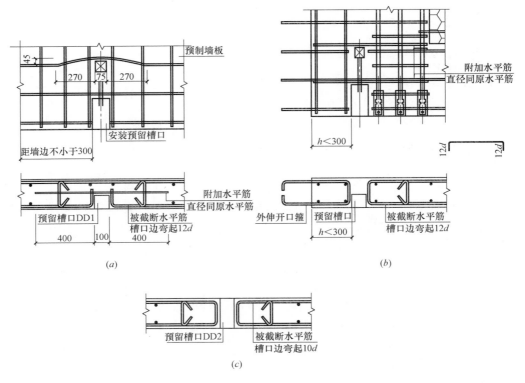

图 4-1　电器盒预留槽口钢筋做法

（*a*）一侧线盒预留槽口距预制墙边不小于 300；（*b*）一侧线盒预留槽口距预制墙边小于 300；
（*c*）两侧线盒预留槽口距预制墙边不小于 300

预应力筋，绑扎在指定位置。

墙、柱、梁钢筋骨架中各垂直面钢筋网交叉点应全部扎牢；板上部钢筋网的交叉点应全部扎牢，底部钢筋网除边缘部分外可间隔交错扎牢。

7）梁及柱中箍筋、墙中水平分布钢筋及暗柱箍筋、板中钢筋距构件边缘的距离宜为 50mm。

（2）采用焊接成型

1）焊工须经过专业技术培训，有独立操作资质。

2）钢筋骨架焊接成型时，应在符合图纸设计要求的专用胎模上制作，胎模上设有钢筋定位卡槽，确保钢筋焊接位置准确、整齐。胎模应安装固定在坚实平整基面上。

3）焊点须牢固，所有焊缝、焊点表面不允许有气孔及夹渣，且钢筋不得有烧伤咬肉现象，宜用 CO_2 气体保护焊机焊接，保证焊接质量。

4）构件焊接接头或焊接制品（焊接骨架、焊接网片）质量检验和验收应符合现行国家标准《混凝土结构工程施工验收规范》GB 50204 中有关规定执行。

5）焊接骨架外观质量应符合下列要求：

① 每件制品的焊点脱落、漏焊数量不得超过焊点总数的 4％，且相邻梁焊点不得有漏焊及脱落。

② 焊接骨架的长度和宽度，其允许偏差应符合表 4-6 的规定。

钢筋骨架的允许偏差　　　　　　　　　表 4-6

项目	允许偏差(mm)
焊接骨架	长度±10 宽度±5 高度±5
骨架箍筋间距	±10
受力主筋	间距±15 排距±5

6) 焊接网片外形尺寸和质量应符合下列要求：

① 焊接网片的长度。宽度及网格尺寸的允许偏差均为±10；网片两对角线之差不得大于 10mm；网格数量应符合设计要求；

② 焊接网片交叉点开焊数量不得大于整个网片交叉点总数的 1%，并且任一根横筋上开焊点数不得大于该根横筋的交叉点总数的 1/2；焊接网片最外边钢筋上的交叉点不得开焊；

③ 焊接网片不得有裂纹、折叠、结疤、凹坑、油污及其他影响使用的缺陷，但焊点处可有不大的毛刺和表面浮锈。

7) 有抗震设防要求的结构中，梁端、柱端箍筋加密区范围内不应进行钢筋搭接。接头末端至钢筋弯起点的距离不应小于钢筋直径的 10 倍。

（3）钢筋骨架制作允许偏差及检验

1) 钢筋骨架的钢筋间距和外形尺寸应符合图纸设计要求，制作允许偏差应符合表4-7的规定；

钢筋骨架或钢筋网片尺寸和按位置允许偏差（mm）　　　表 4-7

序号	检查项目及内容		允许偏差(mm)	检验方法
1	绑扎钢筋网片	长、宽	±5	钢尺量测
		网眼尺寸	±10	尺量连续测三挡，取最大值
2	焊接钢筋网片	长、宽	±5	钢尺量测
		网眼尺寸	±10	尺量连续测三挡，取最大值
		对角线差	5	尺量
		端头不齐	5	
3	钢筋骨架	长	±10	尺量
		宽	±5	
		厚	0，−5	
		主筋间距	±10	尺量两端、中间各一点 取偏差最大值
		排距	±5	
		箍筋间距	±10	
		钢筋弯起点位置	±20	
		端头不齐	5	尺量
4	保护层厚度	柱、梁	±5	尺量
		板、墙板	±3	

2）钢筋骨架检测率为 100%，经检验员检验合格的钢筋骨架须悬挂检验合格标识牌，不合格品应及时返修或做报废处理，检测内容包括：外观、绑扎、焊接、钢筋间矩等方面，并记录在表，确保记录的有效性和可追溯性，检查合格的半成品、成品钢筋骨架应有标识且堆放在的指定区域。

5. 钢筋安装

（1）钢筋安装时，钢筋的牌号、规格和数量必须符合设计要求。

（2）纵向受力钢筋机械连接接头及焊接接头连接区段的长度应为 $35d$（d 为纵向受力钢筋的较大直径）且不应小于 500mm，凡接头中点位于该连接区段长度内的接头均应属于同一连接区段。

注：接头连接区段是指长度为 $35d$ 且不小于 500mm 的区段，d 为相互连接两根钢筋的直径较小值。

（3）同一连接区段内，纵向受力钢筋接头面积百分率为该区段内有接头的纵向受力钢筋截面面积与全部纵向受力钢筋截面面积的比值。同一连接区段内，纵向受力钢筋的接头面积百分率应符合下列规定：

1）在受拉区不宜超过 50%；受压接头可不受限制。

2）接头不宜设置在有抗震要求的框架梁端、柱端的箍筋加密区；当无法避开时，对等强度高质量机械连接接头，不应超过 50%。

3）直接承受动力荷载的结构构件中，不宜采用焊接接头；当采用机械连接接头时，不应超过 50%。

（4）同一构件中相邻纵向受力钢筋的绑扎搭接接头宜相互错开。绑扎搭接接头中钢筋的横向净距 s 不应小于钢筋直径，且不应小于 25mm。纵向受力钢筋绑扎搭接接头的最小搭接长度应符合表 4-8 的规定。

纵向受拉钢筋的最小搭接长度 表 4-8

钢筋类型		混凝土强度等级								
		C20	C25	C30	C35	C40	C45	C50	C55	≥C60
光面钢筋	235 级	$37d$	$33d$	$29d$	$27d$	$25d$	$23d$	$23d$	—	—
	300 级	$49d$	$41d$	$37d$	$35d$	$31d$	$29d$	$29d$	—	—
带肋钢筋	335 级	$47d$	$41d$	$37d$	$33d$	$31d$	$29d$	$27d$	$27d$	$25d$
	400 级	$55d$	$49d$	$43d$	$39d$	$37d$	$35d$	$33d$	$31d$	$31d$
	500 级	$67d$	$59d$	$53d$	$47d$	$43d$	$41d$	$39d$	$39d$	$37d$

注：两根直径不同钢筋的搭接长度，以较细钢筋的直径计算。

纵向受力钢筋绑扎搭接接头连接区段的长度应为 $1.3l_l$（l_l 为搭接长度），凡搭接接头中点位于该连接区段长度内的搭接接头均应属于同一连接区段。同一连接区段内，纵向受力钢筋接头面积百分率为该区段内有接头的纵向受力钢筋截面面积与全部纵向受力钢筋截面面积的比值（图 4-2）。

（5）同一连接区段内，纵向受拉钢筋绑扎搭接接头面积百分率应符合下列规定：

1）梁、板类构件不宜超过 25%；

2）柱类构件，不宜超过 50%。

（6）在梁、柱类构件的纵向受力钢筋搭接长度范围内，应按设计要求配置箍筋。

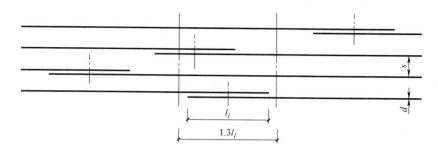

图 4-2 钢筋绑扎搭接接头连接区段及接头面积百分率

注：图中所示搭接接头同一连接区段内的搭接钢筋为两根，当各
钢筋直径相同时，接头面积百分率为 50%。

（7）钢筋安装应采用定位件固定钢筋的位置，并宜采用专用定位件。定位件应具有足够的承载力、刚度、稳定性和耐久性。定位件的数量、间距和固定方式应能保证钢筋的位置偏差符合国家现行有关标准的规定。混凝土框架梁、柱保护层内，不宜采用金属定位件。

（8）钢筋安装过程中，设计未允许的部位不宜焊接。如因施工操作原因需对钢筋进行焊接时，焊接质量应符合现行行业标准《钢筋焊接及验收规程》JGJ 18 的有关规定。

（9）钢筋骨架、钢筋网片吊入模具前，应确认钢筋骨架、钢筋网片及模具安装是否经检查合格。

（10）钢筋骨架、钢筋网片吊入模具后，安装质量应符合下列要求：

1）钢筋安装应牢固。受力钢筋的安装位置及锚固方式应符合设计要求。有钢筋连接套筒或锚接套管时，应将套筒或套管固定在模具上，以防移位。

2）钢筋骨架安装应采取可靠措施防止钢筋受模板、模具内表面的隔离剂污染。

3）钢筋骨架入模后应检查外露钢筋的尺寸及位置。钢筋安装偏差及检验方法应符合表 4-9 的规定，受力钢筋的保护层厚度有的合格点应达到 90% 及以上，且不得有超过表中数值的 1.5 倍的尺寸偏差。

钢筋安装允许偏差和检验方法			表 4-9
项　目		允许偏差	检验方法
绑扎钢筋网片	长、宽	±10	尺量
	网眼尺寸	±20	尺量连续式三档取最大偏差值
绑扎钢筋骨架	长	±10	尺量
	宽、高	±5	尺量
纵向受力钢筋	锚固长度	−20	尺量
	间距	±10	尺量两端、中间各一点取最大偏差值
	排距	±5	
纵向受力钢筋、箍筋的混凝土保护层	基础	±10	尺量
	柱、梁	±5	尺量
	板、墙、壳	±3	尺量

项　　目		允许偏差	检验方法
绑扎箍筋、横向钢筋间距		±20	尺量连续式三档取最大偏差值
钢筋弯起点位置		20	尺量
预埋件	中心线位置	5	尺量
	水平高差	+3、0	塞尺量测

注：检查中心线位置时，沿纵、横两个方向量测，并取偏差的最大值。

4.3 预应力工程

4.3.1 预应力筋制作

（1）预应力筋的下料长度应经计算确定，并应采用砂轮锯或切断机等机械方法切断，不得采用电弧切割。预应力筋制作或安装时，应避免焊渣或接地电火花损伤预应力筋。

（2）预应力筋展开后应平顺，不得有弯折，表面不应有裂纹、小刺、机械损伤、氧化铁皮和油污，预应力筋等安装完成后，应做好成品保护工作。

（3）钢丝镦头及下料长度偏差应符合下列规定：

1）镦头的头型直径应为钢丝直径的 1.4～1.5 倍，高度应为钢丝直径的 0.95～1.05 倍；

2）镦头不应出现横向裂纹。

（4）预应力锚具、夹具和连接器使用前应进行外观检查，其表面应无污物、锈蚀、机械损伤和裂纹。

（5）预应力混凝土用金属螺旋管的尺寸和性能应符合国家现行标准《预应力混凝土用金属螺旋管》JG/T 3010 的规定。预应力混凝土用金属螺旋管在使用前应进行外观检查，其内外表面应清洁、无锈蚀、不应有油污、孔洞和不规则的褶皱，咬口不应有开裂或脱扣。

（6）孔道成型用管道的连接应密封，并应符合下列规定：

1）圆形金属波纹管接长时，可采用大一规格的同波型波纹管作为接头管，接头管长度可取其直径的 3 倍，且不宜小于 200mm，两端旋入长度宜相等，且两端应采用防水胶带密封。

2）预应力筋或成孔管道的定位应符合下列规定：

① 预应力筋或成孔管道应与定位钢筋绑扎牢固，定位钢筋直径不宜小于 10mm，间距不宜大于 1.2m。

② 凡施工时需要预先起拱的构件，预应力筋或成孔管道宜随构件同时起拱。

③ 预应力筋或成孔管道竖向位置偏差应符合表 4-10 的规定。

预应力筋或成孔管道竖向位置允许偏差　　　　　表 4-10

构件截面高(厚)度(mm)	≤300	300～1500	>1500
允许偏差(mm)	±5	±10	±15

3）预应力筋和预应力孔道的间距和保护层厚度，应符合下列规定：

① 先张法预应力筋之间的净间距不应小于预应力筋的公称直径或等效直径的 2.5 倍和混凝土粗骨料最大粒径的 1.25 倍，且对预应力钢丝、三股钢绞线和七股钢绞线分别不应小于 15mm、20mm 和 25mm；

② 对后张法预制构件，孔道之间的水平净间距不宜小于 50mm，且不宜小于粗骨料最大粒径的 1.25 倍；孔道至构件边缘的净间距不宜小于 30mm，且不宜小于孔道外径的 1/2；

③ 当混凝土振捣密实性有可靠保证时，净间距可放宽至粗骨料最大粒径的 1.0 倍。

4）预应力孔道应根据工程特点设置排气孔、泌水孔及灌浆孔，排气孔可兼作泌水孔或灌浆孔，并应符合下列规定：

① 当曲线孔道波峰和波谷的高差大于 300mm 时，应在孔道波峰设置排气孔。

② 当排气孔兼作泌水孔时，其外接管道伸出构件顶面长度不宜小于 300mm。

5）长线台座台面或胎模在铺设钢丝或钢绞线前应涂刷隔离剂，隔离剂不应污染钢丝或钢绞线，以免影响钢丝或钢绞线与混凝土的粘结。如果预应力筋遭受污染，应使用适宜的溶剂加以清洗干净。在露天台面生产时，应防止雨水冲刷台面上的隔离剂。

6）锚垫板和连接器的位置和方向应符合设计要求，且其安装应符合下列规定：

① 锚垫板的承压面应与预应力筋或孔道曲线末端的切线垂直。预应力筋曲线起始点与张拉锚固点之间的直线段最小长度应符合表 4-11 的规定；

② 采用连接器接长预应力筋时，应全面检查连接器的所有零件，并应按产品技术手册要求操作；

③ 内埋式固定端锚垫板不应重叠，锚具与锚垫板应贴紧。

预应力筋曲线起始点与张拉锚固点之间直线段最小长度　　　　　　表 4-11

预应力筋张拉力（kN）	＜1500	1500～6000	＞6000
直线段最小长度（mm）	400	500	600

4.3.2　张拉与放张

（1）预应力筋张拉设备及油压表应定期维护和标定。张拉设备和油压表应配套标定和使用，标定期限不应超过半年。当使用过程中出现反常现象或张拉设备检修后，应重新标定。

注：1. 压力表的量程应大于张拉工作压力读值。压力表的精确度等级不应低于 1.6 级；

　　2. 标定张拉设备用的试验机或测力计的测力示值不确定度不应大于 0.5%；

　　3. 张拉设备标定时，千斤顶活塞的运行方向应与实际张拉工作状态一致。

（2）预应力先张拉前，应进行下列准备工作：

1）计算张拉力和张拉伸长值，根据张拉设备标定结果确定油泵压力表读数。预应力筋的张拉控制应力应符合设计及专项施工方案的要求。当施工中需要超张拉时，调整后的张拉控制应力 σ_{con} 应符合下列规定：

消除应力钢丝、钢绞线：　　　　　$\sigma_{con} \leqslant 0.80 f_{ptk}$　　　　　　　　（4-1）

中强度预应力钢丝：　　　　　　　$\sigma_{con} \leqslant 0.75 f_{ptk}$　　　　　　　　（4-2）

预应力螺纹钢筋：$\sigma_{con} \leqslant 0.85 f_{pyk}$　　　　　　　　　　　　　　　　　　　　（4-3）

式中　σ_{con}——预应力筋张拉控制应力；

　　　f_{ptk}——预应力筋强度标准值；

　　　f_{pyk}——预应力筋屈服强度标准值。

2）后张法施加预应力时，同条件养护的混凝土立方体抗压强度应符合设计要求，并应符合下列规定：

① 不应低于设计强度等级值的 75%，先张法预应力筋放张时不应低于 30MPa；

② 不应低于锚具供应商提供的产品技术手册要求的混凝土最低强度要求；

③ 对后张法预应力梁和板结构混凝土的龄期分别不宜小于 7d。

注：为防止混凝土早期裂缝而施加预应力时，可不受本条的限制，但应保证局部受压承载力的要求。

3）采用应力控制方法张拉时，应校核张拉力下预应力筋伸长值。

实测伸长值与计算伸长值的偏差不应超过 ±6%，否则应查明原因并采取措施后再张拉。必要时，宜进行现场孔道摩擦系数测定，并可根据实测结果调整张拉控制力。预应力筋的张拉顺序应符合设计要求，并应符合下列规定：

① 张拉顺序应根据结构受力特点、施工方便及操作安全等因素确定；

② 预应力筋张拉宜符合均匀、对称的原则；

③ 对预制屋架等平卧叠浇构件，应从上而下逐榀张拉。

4）预应力筋应根据设计和专项施工方案的要求采用一端或两端张拉。采用两端张拉时，宜两端同时张拉，也可一端先张拉，另一端补张拉。

5）有粘结预应力筋应整束张拉；对直线形或平行编排的有粘结预应力钢绞线束，当各根钢绞线不受叠压影响时，也可逐根张拉。

6）预应力筋张拉时，应从零拉力加载至初拉力后，量测伸长值初读数，再以均匀速率加载至张拉控制力。对塑料波纹管成孔管道，达到张拉控制力后，宜持荷 2~5min。初拉力宜为张拉控制力的 10%~20%。

7）预应力筋张拉中应避免预应力筋断裂或滑脱。当发生断裂或滑脱时，应符合下列规定：

① 对后张法预应力结构构件，断裂或滑脱的数量严禁超过同一截面预应力筋总根数的 3%，且每束钢丝不得超过一根；

② 对先张法预应力构件，在浇筑混凝土前发生断裂或滑脱的预应力筋必须予以更换。

8）锚固阶段张拉端预应力筋的内缩量应符合设计要求。当设计无具体要求时，应符合表 4-12 的规定。

张拉端预应力筋的内缩量限值　　　　　　　　　　　　表 4-12

锚具类别		内缩量限值（mm）
支承式锚具 （螺母锚具、镦头锚具等）	螺帽缝隙	1
	每块后加垫板的缝隙	1
夹片式锚具	有顶压	5
	无顶压	8~10

9）预应力筋张拉时，应对张拉力、压力表读数、张拉伸长值及异常情况等做出详细记录。

4.3.3 预应力筋放张

（1）先张法预应力筋的放张，必须待混凝土强度达到设计规定的强度，当设计无要求时，不得低于设计强度的 75%，方可进行。

（2）预应力筋的放张的顺序应符合设计要求，当设计无要求时，应符合下列规定放张：

1）对承受轴心预压力的构件（如压杆、桩等），所有预应力筋应同时放张；

2）对承受偏心预压力的构件（如梁等），应先同时放张预压力较小区域的预应力筋，再同时放张预压力较大区域的预应力筋；

3）当不能按上述规定放张时，应分段、对称、相对交错地放张。

放张后预应力筋的切断顺序，宜有放张端开始逐次切向另一端。

（3）预应力筋采用钢丝时，为了检测构件放张时，预应力钢丝与混凝土的粘结力是否可靠，放张强度，除了根据混凝土试块强度控制外，最好先剪断 2～3 根预应力钢丝，测定一下钢丝回缩值情况，如果钢丝平均回缩值符合要求时，在正式进行放张。

钢丝回缩值的简易测试方法是：在靠近预应力构件端部的预应力钢丝上贴胶带纸做上记号，再用钢尺量测钢丝剪断前后从胶带纸记号到构件端部间的距离之差，即为钢丝回缩值。对刻痕钢丝不应大于 2mm。如果实测的钢丝回缩值大于 2mm（或大于根据预应力筋传递长度换算得的回缩值），则说明构件混凝土强度不足，粘结力不足，应延缓放张时间。

4.3.4 灌浆、封锚

（1）预应力张拉完成后，应立即进行孔道灌浆。孔道灌浆的主要作用，一是保护预应力筋，以防锈蚀；二是使预应力筋与混凝土粘结成整体，以提高结构的抗裂性和承载能力。特殊情况下预应力筋穿入孔道后至灌浆的时间间隔：当环境相对湿度大于 60% 或近海环境时，不宜超过 14d；当环境相对湿度不大于 60% 时，不宜超过 28d；

（2）孔道灌浆用的水泥应采用标号不低于 42.5 普通硅酸盐水泥配制的水泥浆或经试验合格后的矿渣水泥配制的水泥浆。

（3）水泥浆的配合比为 0.4～0.5，水泥浆的流动性必须满足可灌浆要求，并具有较小的泌水性和干缩性，搅拌后 3h 泌水率宜控制在 2%，最大不超过 3%。

（4）为使孔道灌浆饱满密实，在水泥浆中掺入适量的减水剂，可降低水泥浆的泌水性，减少收缩率和提高早期强度，对保证灌浆质量有明显效果。当不得掺入氯盐及其他对钢筋有腐蚀作用的外加剂。

灌浆用水泥浆的稠度、泌水率、膨胀率等性能应符合下列规定：

1）采用普通灌浆工艺时稠度宜控制在 12～20s，采用真空灌浆工艺时稠度宜控制在 18～25s；

2）水胶比不应大于 0.45；

3）自由泌水率宜为 0，且不应大于 1%，泌水应在 24h 内全部被水泥浆吸收；

4）自由膨胀率不应大于10%；

5）边长为70.7mm的立方体水泥浆试块28d标准养护的抗压强度不应低于30MPa；

6）所采用的外加剂应与水泥作配合比试验并确定掺量后使用。

（5）灌浆用水泥浆的制备及使用应符合下列规定：

1）水泥浆宜采用高速搅拌机进行搅拌，搅拌时间不应超过5min；

2）水泥浆使用前应经筛孔尺寸不大于1.2mm×1.2mm的筛网过滤；

3）搅拌后不能在短时间内灌入孔道的水泥浆，应保持缓慢搅动；

4）水泥浆拌合后至灌浆完毕的时间不宜超过30min。

（6）灌浆：

1）后张法预应力筋张拉完毕并经检查合格后，应及时进行孔道灌浆，孔道内水泥浆应饱满、密实。

2）灌浆前应确认孔道、排气兼泌水管及灌浆孔畅通；对预埋管成型孔道，可采用压缩空气清孔。

3）孔道应湿润，洁净。一般用压力水冲洗，如孔道有堵塞或漏水时，即可发现。并采取适当措施，标准灌浆顺利进行。

4）灌浆用水泥应过筛，在灌浆过程中应不断地搅拌，以防止水泥浆沉淀析水。

5）灌浆设备采用灰浆泵。灌浆时，水泥浆应缓慢均匀地灌入，使孔道内气泡从排气孔排出，如果灌浆速度过快，压力过大，水泥浆容易混入空气，而气泡会残留在孔道内导致粘结不好。所以灌浆应慢慢地均匀地进行是非常重要的。在灌浆过程中应注意排气顺通，中途不得中断，在灌满孔道并密封排气孔后，宜再继续用比灌入压力大一点的灌浆压力（一般为0.5～0.6N/mm²）进行稳压，稍后再封闭灌浆孔。对不掺减水剂的水泥浆，可采用二次灌浆。

6）灌浆顺序应先下后上，以免上层孔道漏浆把下层孔道堵塞。

7）灌浆应连续进行，直至排气管排除的浆体稠度与注浆孔处相同且没有出现气泡后，再顺浆体流动方向将排气孔依次封闭；全部封闭后，宜继续加压0.5～0.7MPa，并稳压1～2min后封闭灌浆口。

8）当泌水较大时，宜进行二次灌浆或泌水孔重力补浆。

9）因故停止灌浆时，应用压力水将孔道内已注入的水泥浆冲洗干净。

（7）封锚：

1）后张法预应力筋锚固后，外露锚具及预应力筋应按设计要求，采取可靠的防止损伤或腐蚀的封锚保护措施，封锚的表面质量应符合设计要求。

2）封锚时，应切除锚具外外露多余预应力筋部分，宜采用机械方法切割，也可采用氧-乙炔焰方法切割，其外露长度不宜小于预应力筋直径的1.5倍，且不宜小于30mm。

3）采用混凝土封闭时，其强度等级宜与构件混凝土强度等级一致，且不低于C30。封锚混凝土与构件混凝土应可靠粘接，其模具及预应力筋端部的保护层厚度应符合设计要求。

4.4　预埋件、吊环和预埋管

4.4.1　预埋件制作

预制构件宜采用内埋式螺母、内埋式吊杆或预留吊装孔，内埋式螺母、内埋式吊杆的设计与构造，应满足起吊方便和吊装安全的要求。

（1）预埋件的材料应符合下列要求：

1）锚板和锚固角钢，宜采用 Q235、Q345 级钢，锚板厚度应符合设计要求；

2）受力预埋件的锚筋应采用 HRB400 或 HPB300 级钢筋，不得采用冷加工钢筋，锚筋的长度和间距应符合设计要求。

（2）预埋件的设置：

1）预埋件的构造形式应根据受力性能和施工条件确定，力求钢筋简单，传力直接。

2）预埋件的锚筋（锚固角钢）不得与构件中的主筋相碰，并应放置在构件的最外层主筋的内侧。预埋件的锚固角钢宜采用等边角钢。

3）预埋件不应突出混凝土表面，也不应大于构件的外形尺寸，锚板短边尺寸较大的预埋件，应在钢板上开设排气孔以保证混凝土浇捣密实。

4）预埋件的设置应考虑施工和安装的方便。采用直锚筋一端焊锚板的方法。

5）受剪预埋件的直锚筋，不得少于 2 根。当采用 2 根锚筋时，直锚筋应对称配置在剪力作用线的两侧；其他受力预埋件的直锚筋，不宜少于 4 根，也不宜多余 4 层。

6）受力预埋件的埋筋不宜采用 U 形或 L 形。

7）对带弯折钢筋的预埋件，弯折筋应沿剪力作用线的两侧对称布置，必须与直锚筋搭配使用时，可配置在直锚筋的一侧或两侧；弯起锚筋的弯起角度不应大于45°，一般为 15°～30°。受剪预埋件，有弯折锚筋承受全部剪力时，尚应按构造设置锚筋。

8）位于非预应力受拉构件或受弯钢筋的受拉区的预埋件，其受拉锚筋与裂缝平行时，应采取下列措施，以增强锚筋的抗拔强度。

① 在受拉钢筋中，锚筋应伸至对面的纵向钢筋外面。

② 在受弯构件中，锚筋应尽量伸至受压区。

（3）预埋件的外露部分，应在除锈后涂以油漆或做热镀锌处理。

（4）构造预埋件：

构造预埋件的锚筋直径不宜小于 6mm，受力预埋件的锚筋直径不宜小于 8mm，也不宜超过 25mm，对弯折锚筋，其直径不宜大于 18mm。

（5）预埋件的锚板厚度不宜小于 6mm，并应符合下列要求：

1）锚板厚度 t 应大于锚筋的直径 0.6 倍；角钢预埋件的锚板厚度应大于 $b/6$（b 为角钢肢宽及 1.4 倍角钢厚度）。

2）受拉和受弯预埋件的锚板厚度尚应大于 $b/8$，此外 b 为锚筋的间距。

（6）锚筋的最小锚固长度：

1）构造锚筋的最小锚固长度应 $\geqslant 10d$ 及 $\geqslant 80\text{mm}$。

2）在任何情况下受拉锚筋长度不应小于 250mm。

（7）锚筋的锚固长度受限制时，应采取在锚筋端头加焊锚板或设至钩加焊短钢筋等方法时锚筋具有足够的锚固能力。当预埋件承受的剪力较大时，可根据计算采取加设支承短筋或支承板等措施时预埋件具有足够的抗剪力能力。

（8）预埋件加工的允许偏差应符合表 4-13 的规定：

预埋件加工的允许偏差 表 4-13

项次	检验项目及内容		允许偏差（mm）	检验方法
1	预埋件锚板的边长		0，−5	用钢尺量测
2	预埋件锚板的平整度		1	用直尺或塞尺量测
3	锚筋	长度	10，−5	用钢尺量测
		间距	±10	用钢尺量测

4.4.2 吊环制作

（1）吊环应采用 HPB300 级钢筋制作，不得使用冷加工钢筋。吊环的形式与构造，见图 4-3。图（a）为吊环用于梁柱等截面高度较大的构件；图（b）为吊环用于截面较小的钢筋；（c）为吊环用于钢筋较薄的且无焊接条件时，在吊环上压几根短钢筋或构件网片加固。

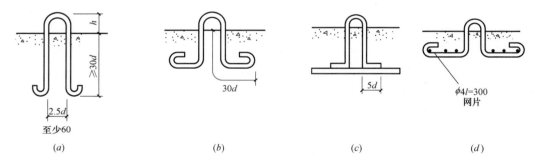

图 4-3　吊环形式

（2）吊环的弯心直径为 $2.5d$（d 为吊环钢筋直径），且不得小于 60mm。吊环埋入深度不应小于 $30d$，并与主筋钩牢。埋深不够时，可焊接在受力筋上。

（3）吊环露出混凝土高度，应满足穿卡环的要求；但也不宜太长，以免遭到反复弯折。

（4）吊环的设计计算，应满足下列要求：

1）在构件自重标准值作用下，每个吊环按两个截面计算的吊环应力不大于 $65N/mm^2$（已考虑超载系数、吸附系数、动力系数、钢筋弯折引起的应力集中系数和钢筋角度允许系数等）。

2）构件上设有 4 个吊环时，设计时仅取 3 个吊环进行计算。

吊环计算公式：

$$\sigma = 1000T/n \times A_s \qquad (4-4)$$

式中 A_s——一个吊环的钢筋截面面积（mm²）

$\quad\quad T$——拉力设计值（kN）；

$\quad\quad \sigma$——吊环的拉应力（N/mm²）

$\quad\quad n$——吊环截面个数：2 个吊环时为 4；4 个吊环时为 6。

4.4.3 预埋件安装

（1）固定在模具上的套筒、螺栓、螺母、预埋件和预留孔洞应按图纸要求进行配置，应连同工装支架固定在模具上，不得有遗漏，安装尺寸允许偏差应满足表 4-14 的规定。

（2）钢筋采用直螺纹套筒连接或直套筒连接时按照图纸要求，将连接套筒和进出浆管固定在模具及钢筋笼（骨架）上。

（3）采用金属螺旋管做浆锚孔时，螺旋管的一端应用水泥砂浆进行封堵，另一端与模具侧板固定以防漏浆，进出浆孔道应保持畅通。

（4）其他连接件、接线盒，穿线管、门窗防腐木块等预埋件宜采用磁吸盒固定。

（5）预留孔洞的尺寸偏差应符合表 4-14 的要求。

预埋件和预留孔洞的尺寸允许偏差及检验方法 表 4-14

项 目		允许偏差
预埋板中心线位置		3
预埋管、预留孔洞中心线位置		3
插筋	中心线位置	5
	外露长度	+10,0
预埋螺栓	中心线位置	2
	外露长度	+10,0
预留孔洞	中心线位置	10
	尺寸	+10,0

注：检查中心线时沿纵、横两个方向，并取其中偏差较大值

4.5 混凝土配合比与制备

4.5.1 混凝土配合比设计

混凝土配合比应通过设计计算和试配决定，在确定混凝土施工配合比时，应综合考虑水灰比、胶凝材料总量、掺合料比例和砂率等因素对混凝土强度、耐久性、外观质量和拌和料的和易性以及经济性的影响。混凝土抗压强度等级应符合图纸设计的规定，坍落度应满足施工技术要求。

（1）预制构件的混凝土强度等级不宜低于 C30；预应力混凝土预制构件的混凝土强度等级不宜低于 C40，且不应低于 C30。

（2）混凝土配合比设计应符合下列要求，并应经试验确定：

1）应在满足混凝土强度、耐久性和工作性要求的前提下，减少水泥和水的用量；

2）当有抗冻、抗渗、抗氯离子侵蚀和化学腐蚀等耐久性要求时，尚应符合现行国家标准《混凝土结构耐久性设计规范》GB/T 50476 的有关规定；

3）应计入环境条件对施工及工程结构的影响；

4）试配所用的原材料应与施工实际使用的原材料一致。

（3）混凝土的配制强度应按下列规定计算：

1）当设计强度等级小于 C60 时，配制强度应按下式计算：

$$f_{cu,0} \geqslant f_{cu,k} + 1.645\sigma \tag{4-5}$$

式中　$f_{cu,0}$——混凝土的配制强度（MPa）；

　　　$f_{cu,k}$——混凝土强度标准值（MPa）；

　　　σ——混凝土的强度标准差（MPa）。

2）当设计强度等级大于或等于 C60 时，配制强度应按下式计算：

$$f_{cu,0} \geqslant 1.15 f_{cu,k} \tag{4-6}$$

（4）混凝土强度标准差应按下列规定确定：

1）当具有近期（前一个月或三个月）的同一品种混凝土的强度资料时，其混凝土强度标准差 σ 应按下列公式计算：

$$\sigma = \sqrt{\frac{\sum_{i=1}^{n} f_{cu,i}^2 - n m_{f_{cu}}^2}{n-1}} \tag{4-7}$$

式中　$f_{cu,i}$——第 i 组的试件强度（MPa）；

　　　$m_{f_{cu}}$——n 组试件的强度平均值（MPa）；

　　　n——试件组数，n 值不应小于 30。

2）按第 1 款计算混凝土强度标准差时，对于强度等级小于等于 C30 的混凝土，计算得到的 σ 大于等于 3.0 MPa 时，应按计算结果取值；计算得到的 σ 小于 3.0 MPa 时，σ 应取 3.0 MPa；对于强度等级大于 C30 且小于 C60 的混凝土，计算得到的 σ 大于等于 4.0 MPa 时，应按计算结果取值；计算得到的 σ 小于 4.0 MPa 时，σ 应取 4.0 MPa。

3）当没有近期的同品种混凝土强度资料时，其混凝土强度标准差 σ 可按表 4-15 取用。

标准差 σ 值（MPa）　　　　　　　　　　　　　　　　表 4-15

混凝土强度标准值	≤C20	C25～C45	C50～C55
σ	4.0	5.0	6.0

（5）混凝土配合比的应根据设计要求、不同结构，施工时和易性和振捣方法等要求以及混凝土组成材料的质量和振捣方法，参照表 4-16 选定坍落度（稠度）进行试配。

混凝土浇筑时的坍落度　　　　　　　　　　　　　　　　表 4-16

结构种类	坍落度(mm)
梁、柱和大型或中型截面构件等	30～50
薄板、墙板、楼梯	70～90

（6）混凝土的工作性，应根据结构形式、运输方式和距离、浇筑和振捣方式以及工程

所处环境条件等确定。

（7）混凝土配合比设计中的最大水胶比和最小胶凝材料用量应符合现行国家标准《混凝土质量控制标准》GB 50164 等的有关规定。

（8）当设计文件对混凝土耐久性有检验要求时，应在配合比设计中对耐久性参数进行检验。混凝土配合比的试配、调整和确定应按下列步骤进行：

1）采用工程实际使用的原材料和计算配合比进行试配。每盘混凝土试配量不应小于 20L；

2）进行试拌，并调整砂率和外加剂掺量等使拌合物满足工作性要求，提出试拌配合比；

3）在试拌配合比的基础上，调整胶凝材料用量，提出不少于 3 个配合比进行试配。根据试件的试压强度和耐久性试验结果，选定设计配合比；

4）应对选定的设计配合比进行生产适应性调整，确定施工配合比；

5）对采用搅拌运输车运输的混凝土，当运输时间可能较长时，试配时应控制混凝土坍落度经时损失值。

（9）施工配合比应经有关人员批准。混凝土配合比使用过程中，应根据反馈的混凝土动态质量信息，及时对配合比进行调整。

（10）遇有下列情况时，应重新进行配合比设计：

1）当混凝土性能指标有变化或有其他特殊要求时；

2）当原材料品质发生显著改变时；

3）同一配合比的混凝土生产间断三个月以上时。

4.5.2　混凝土制备

（1）设备技术要求：

搅拌机整机性能应保持良好运行状态，搅拌机控制程序应有自动和手动两种方式，并有数据管理和数据输出打印功能；称量精度应符合混凝土技术规程的规定，定期进行检修、调整，并按规定周期校核称量系统。

（2）混凝土搅拌站计量器具应量准确，并应符合下列规定：

1）计量设备的精度应符合现行国家标准《混凝土搅拌站（楼）技术条件》GB 10172 的有关规定，并应定期校准。使用前设备应归零；

2）原材料的计量应按重量计，水和外加剂溶液可按体积计，其允许偏差应符合表 4-17 的规定。

混凝土原材料计量允许偏差（%）　　　　　　表 4-17

原材料品种	水泥	细骨料	粗骨料	水	掺合料	外加剂
每盘计量允许偏差	±2	±3	±3	±2	±2	±2
累计计量允许偏差	±1	±2	±2	±1	±1	±1

注：骨料含水率应经常测定，雨雪天施工应增加测定次数。

（3）混凝土用主要原材料，如水泥、粗细骨料、掺合料、外加剂等必须经过进场复验合格后方能投入生产使用。混凝土用粗细骨料应存放在有顶棚的场所。混凝土所用原材料应与配合比设计所使用原材料一致。

（4）每班次拌合混凝土前，应测量集料的含水量，并做配合比微调，提出供实际使用配合比，在生产过程中，混凝土配合比应根据混凝土质量的动态信息以及气候的变化及时调整；拌制过程中应严格按照配合比通知单配料，不得擅自调整，拌制过程中应注意观测混凝土搅拌质量，发现问题及时通知质检员查找原因。

（5）每班次开机首盘混凝土须做坍落度检测，坍落度应能满足设计配合比的要求，并观察混凝土的粘聚性、保水性，不允许有离析现象。不合格的混凝土不得入模。调整配合比后或检验出现不合格时，应增加检测频次。

（6）搅拌时间充分能使材料完全混合均匀，得到和易性好的混凝土，一般搅拌时间为120min，冬期施工时可根据实际情况适当延长搅拌时间。

（7）混凝土从搅拌机卸出到浇注完毕，延续时间不宜超过表4-18的规定。

混凝土出机到浇注完毕的延续时间 表4-18

气　温	延续时间(min)（非搅拌车运输）
≤25℃	45
>25℃	30

（8）混凝土宜采用强制式搅拌机搅拌，并应搅拌均匀。混凝土搅拌的最短时间可按表4-19采用，当能保证搅拌均匀时可适当缩短搅拌时间。搅拌强度等级C60及以上的混凝土时，搅拌时间应适当延长。

混凝土搅拌的最短时间（s） 表4-19

混凝土坍落度(mm)	搅拌机机型	搅拌机出料量(L)		
		<250	250～500	>500
≤40	强制式	60	90	120
>40且<100	强制式	60	60	90
≥100	强制式	60		

注：混凝土搅拌的最短时间系指全部材料装入搅拌筒中起，到开始卸料的时间止。

（9）混凝土拌合物工作性应检验其坍落度或维勃稠度，检验应符合下列规定：

1）坍落度和维勃稠度的检验方法应符合现行国家标准《普通混凝土拌合物性能试验方法》GB/T 50080的有关规定；

2）坍落度、维勃稠度的允许偏差应分别符合表4-20的规定；

坍落度、维勃稠度的允许偏差 表4-20

坍落度(mm)			
设计值(mm)	≤40	50～90	≥100
允许偏差(mm)	±10	±20	±30
维勃稠度(s)			
设计值(s)	≥11	10至6	≤5
允许偏差(s)	±3	±2	±1

3）坍落度大于 220mm 的混凝土，可根据需要测定其坍落扩展度，扩展度的允许偏差为±30mm。

（10）对掺引气型外加剂的混凝土拌合物应检验其含气量，含气量检验应符合下列规定：

掺引气型外加剂混凝土的含气量应满足设计和施工工艺的要求。根据混凝土采用粗骨料的最大公称粒径，其含气量不宜超过表 4-21 的规定；

掺引气型外加剂混凝土含气量限值 表 4-21

粗骨料最大公称粒径(mm)	混凝土含气量限值(%)
10	7.0
15	6.0
20	5.5
25	5.0
40	4.5

注：混凝土拌合物含气量应按现行国家标准《普通混凝土拌合物性能试验方法标准》GB/T 50080 的有关规定进行检测。

（11）坍落度检测：

坍落度应能满足设计配合比的要求，并观察混凝土的粘聚性、保水性，不允许有离析现象。不合格的混凝土不得入模。调整配合比后或检验出现不合格时，应增加检测频次。

（12）混凝土试件制作，按混凝土强度等级，每个强度等级的混凝土每班次做抗压强度试件不得少于 3 组，1 组与构件同条件养护，作为脱模强度检验，2 组送标养室养护，作为 28 天强度试件。

4.5.3 混凝土运输

（1）混凝土运输可采用架空轨道电动运输罐车，运送平车载料斗、叉车叉运料斗或机动翻斗车运送。当采用机动翻斗车小型货车或叉车运输混凝土时，道路应通畅，路面应平整，以防抛洒。

（2）混凝土从搅拌机卸出后到浇筑完毕的延续时间应符合表 4-22 的规定。

混凝土从搅拌机卸出后到浇筑完毕的延续时间 表 4-22

气温	延续时间(min)	
	≤C30	>C30
≤25℃	90	75
>25℃	60	45

注：混凝土运至指定浇筑地点时的温度，最高不宜超过 35℃；最低不宜低于 5℃。

4.5.4 混凝土浇筑

（1）在浇注混凝土前，应复核模具组装尺寸，并进行隐蔽工程验收，做好隐蔽工程验收记录，确认无误后方可浇捣混凝土，其内容包括：

1）预应力筋的品种、规格、数量、位置等；

2）预应力筋锚具和连接器的品种、规格、数量、位置等；

3）孔道的规格、位置、形状、连接及灌浆孔、排气孔兼泌水管等；

4）锚固区局部加强构造等，局部加强钢筋的牌号、规格数量；

5）钢筋保护层厚度是否符合设计要求，钢筋是否被隔离剂污染，如果钢筋遭到隔离剂或油污时，一定要清除干净。

（2）混凝土初浇前，须检验混凝土和易性和坍落度是否满足技术要求，合格后方可施工。每个构件应一次性连续浇完成。

（3）混凝土必须振捣密实，振至混凝土与钢模接触处不再有喷射状气、水泡、表面泛浆为止，振捣每点振动时间控制在 10～20s 为宜，振动棒操作时要做到"快插慢拔"，防止混凝土发生分层、离析现象和孔洞。

（4）振动棒插点要均匀排列，每次移动间距不应大于振动棒作用半径的 1.5 倍，一般振动棒作用半径为 30～40cm，振捣应确保混凝土密实无漏振。振动棒应尽量避免碰撞模板、钢筋、预埋件等。

（5）混凝土浇捣结束后，应适时对上表面进行抹面、收光作业，作业分粗刮平、细抹面、精收光三个阶段完成。达到表面密实、平整、光滑，消除收缩裂纹，收水抹面时严禁洒水及水泥，精收光时应根据气温情况，掌握好混凝土凝结时间，应保证在初凝前完成，作业完成后应及时将钢模上表面及模具周边清理干净，覆盖养护罩或养护篷布。

4.6　混凝土养护

预制构件混凝土浇筑后应及时进行养护，养护方式可根据需要选择自然养护、蒸汽养护、电加热养护。混凝土养护应符合现行国家标准《混凝土结构工程施工规范》GB 50666 的要求。混凝土的养护时间，采用硅酸盐水泥、普通硅酸盐水泥或矿渣硅酸盐水泥配制的混凝土，不应少于 7d。

4.6.1　自然养护

混凝土养护可采用自然养护、蒸汽养护或太阳能养护等方法。自然养护是在常温下（平均温度不低于 5℃）用适当的材料覆盖混凝土，采用洒水方式进行自然养护，使混凝土在规定的时间内保持足够湿润状态。混凝土的自然养护应符合下列规定：

（1）在浇筑完毕后的 12h 以内加以覆盖保湿和浇水；高强混凝土浇筑完毕后应立即覆盖，以保持好明天表面湿润。

（2）采用塑料布覆盖养护时，混凝土敞露的部分应覆盖严密，塑料薄膜应紧贴混凝土裸露表面，塑料薄膜内应保持有凝结水。

（3）洒水养护宜在混凝土裸露表面覆盖麻袋或草帘后进行，也可采用直接洒水、蓄水等养护方式；洒水养护应保证混凝土处于湿润状态。

（4）当日最低温度低于 5℃时，不应采用洒水养护。

4.6.2　蒸汽养护

（1）采用低压蒸汽养护时，为保证构件在养护覆盖物内得到均匀的温度，应设置适量的蒸汽输入点。

（2）蒸汽养护过程中，不允许蒸汽射流冲击构件、试件或模具的任何部位，不允许蒸汽管道与模具接触，以免造成构件局部过热开裂。

（3）采用养护罩养护时，为保证养护罩内温度均衡，罩的顶部及四周离钢模表面应有15～20cm 距离，使蒸汽在罩内循环流通。

（4）蒸汽养护宜采用自动控制方式。采用人工控制时，须有专人巡回观测各养护罩内温度，适时调整供气流量，使罩内温度保持在规定的温控范围内，并做好测温记录以备查核。

（5）构件抹面结束后蒸汽养护前需静停，静停时间以手按压混凝土表面无压痕为标准。

（6）用干净的塑料布覆盖在混凝土表面，再用帆布或棚罩将模具整个盖住，且保证气密性，之后方可通蒸汽养护。

（7）温度控制：控制最高温度不高于 60℃，升温速度 15℃/h，恒温不高于 60℃，时间不小于 6h，降温速度 10℃/h。在实际操作中应根据水泥品种、混凝土水灰比、构件的形状大小、厚薄制度相应的养护制度。

4.7　构件运输与堆放

4.7.1　运输

（1）墙板宜采用低平板车立式运输；柱、梁、楼面板、阳台板采用平放运输、采用叠层平放的方式运输构件时，应根据赶紧的尺寸大小、长度考虑叠放层数不宜过多，且应采取防止构件裂缝的措施。

（2）对于外观复杂墙板宜采用插放架或靠放架堆放和运输，插放架、靠放架应有足够的强度、刚度和稳定性。采用靠放架直立堆放的墙板宜对称靠放、饰面朝外，倾斜角度不宜小于 80°。

（3）装卸构件时，应采取防止构件移动或倾倒的绑扎固定措施，以保车辆平衡。

（4）运输细长构件时应根据需要设置水平支架。

（5）对构件边角部或链索接触处的混凝土，宜采用垫衬加以保护。

（6）运输构件时，应防止构件位移、倾倒、变形的等规定措施。

（7）运输构件时，应采取防止构件损坏的措施，对构件边角部或链索接触处的混凝土部位宜采用木块隔离。

4.7.2　堆放

（1）构件场地应平整、坚实，并应有良好的排水措施。

（2）堆放时应保证最下层构件垫实，预埋吊件宜向上，标识宜朝向堆垛间的通道。

（3）堆垛层数应根据构件与垫木或垫块的承载能力及堆垛的稳定性确定，必要时应设置防止构件倾覆的支架。

（4）预应力构件的堆放应考虑反拱的影响。

（5）吊运平卧制作的混凝土屋架时（宜立运），宜平稳一次就位，并应根据屋架跨度、刚度确定吊索绑扎形式及加固措施。屋架堆放时，可将几榀屋架绑扎成整体以增加刚度。

（6）垫木或垫块在构件下的位置宜与脱模、吊装时的起吊位置一致。重叠堆放构件时，每层构件间的垫木或垫块应在同一垂直线上。

1）柱、梁等细长构件存放应平放，采用两条垫木支撑。

2）预应力叠合板堆放时，垫木间距不应超过 1.6m，以防产生断裂。桁架钢筋叠合板可直接叠放在桁架筋上。

3）楼板、阳台板构件存放宜平放，叠放堆放不宜超过 6 层。异形的采用专用存放架或垫木块支撑。

4）外墙板。楼梯宜采用托架立放，上部两点支撑。构件带有门窗框和外装饰材料的表面宜采用塑料薄膜或其他保护措施。

5）构件连接套管、预埋螺母孔应采取封堵措施。

4.8 混凝土构件出厂检验

（1）构件出厂前，应按照产品出厂质量管理流程和产品检查标准检查预制构件，检查合格后方可出厂。

（2）当构件质量验收符合质量检查标准时，构件质量评定合格。

（3）出厂检验内容：

构件的几何尺寸、预留孔洞、连接套筒、预埋管道、预留钢筋的规格、长度允许偏差应符合表 4-23 要求。

预制构件预埋件及预留孔洞中心位置的允许偏差及检验方法　　　表 4-23

项次	检验项目及内容	允许偏差(mm)	检验方法
1	预埋件，插筋、吊环、预留孔洞中心线位置	3	用钢尺量测
2	预埋螺栓、螺母中心线位置	2	用直尺或塞尺量测
3	灌浆套筒中心线位置	1	用钢尺量测

　　注：1. l 为构件长度（mm）；

　　　　2. 检查中心线、螺栓和孔道位置时，应沿纵、横两个方向量测，并取其中最大值；

　　　　3. 对形状复杂或有特殊要求的构件，其尺寸偏差应符合标准图或设计的要求。

（4）构件质量经检验不符合要求时，但不影响结构性能、安装和使用时，允许进行修补处理。修补后应重新进行检验，符合规程要求后，修补方案和进场结果应记录存档。

（5）预制构件的外观质量不应有严重缺陷。对已经出现的严重缺陷，应按技术处理方案进行处理，并重新检查验收。

（6）预制构件不应有影响结构性能和安装、使用功能的尺寸偏差。对超出允许偏差且影响结构性能和安装、使用功能的部位，应按技术处理方案进行处理。并重新检查验收。

（7）一般规定预制构件的外观质量不宜有一般缺陷。对已经出现的一般缺陷，检查技术处理方案。

（8）预制构件的尺寸允许偏差及检验方法应符表 4-24 的规定。预制构件有粗糙面时，与粗糙面相关的尺寸允许偏差尺寸可适当放宽。

预制构件的尺寸偏差 表 4-24

项 目		允许偏差	检查方法
长度	板、梁	+10，-5	钢尺检查
	柱	+5，-10	
	墙板	±5	
	薄腹梁、桁架	±5	
宽度、高(厚)度	板、梁、柱、墙板、薄腹梁、桁架	±5	钢尺量一端及中部，取其中较大值
侧向弯曲	梁、柱、板墙板、薄腹梁、桁架	$l/750$ 且≤20	拉线、钢尺量最大侧向弯曲处
预埋件	中心线位置	10	钢尺检查
	螺栓位置	5	
	螺栓露出长度	+10，-5	
预留孔	中心线位置	5	钢尺检查
预留洞	中心线位置	15	钢尺检查
主筋保护层厚度	板	+5，-3	钢尺或保护层厚度测定仪量测
	梁、柱、墙板、薄腹梁、桁架	+10，-5	
对角线	板、墙板	10	钢尺测量两个对角
表面平整度	板、墙板、柱、梁	5	2m靠尺和塞尺检查
预应力钢筋预留孔道位置	梁、柱、墙板、薄腹梁、桁架	3	钢尺检查
翘曲	板	$l/750$	调平尺在两端量测
	墙板	$l/1000$	

注：1. l 为构件长度（mm）；

2. 检查中心线、螺栓和孔道位置时，应沿纵、横两个方向量测，并取其中最大值：

3. 对形状复杂或有特殊要求的构件，其尺寸偏差应符合标准图或设计的要求。

（9）预制构件应按设计要求和现行国家规范《混凝土结构工程施工质量验收规范》GB50204 的有关规定进行结构性能检验。

（10）陶瓷类装饰面砖与构件基面的粘结强度应符合现行行业标准，《建筑工程饰面粘结强度检验标准》JGJ 110 和《外墙面砖工程施工及验收规范》JGJ126 等的规定。

（11）夹心保温外墙板的内外叶墙板之间的拉结件类别、数量及使用位置应符合设计要求。

4.9 混凝土缺陷修整

（1）预制构件在生产制作、存放、运输过程中造成的非加工质量问题，应采用常温修补措施进行修补，对于影响结构的质量问题应做报废处理。

（2）对承载力不足引起的裂缝，除进行修补外，还应采取适当加固方法进行加固。

（3）混凝土结构缺陷可分为尺寸偏差缺陷和外观缺陷。尺寸偏差缺陷和外观缺陷可分为一般缺陷和严重缺陷。混凝土结构尺寸偏差超出规范规定，但尺寸偏差对结构性能和使用功能未构成影响时，应属于一般缺陷；而尺寸偏差对结构性能和使用功能构成影响时，应属于严重缺陷。外观缺陷分类应符合表4-25的规定。

混凝土结构外观缺陷分类 表 4-25

名称	现象	严重缺陷	一般缺陷
露筋	构件内钢筋未被混凝土包裹而外露	纵向受力钢筋有露筋	其他钢筋有少量露筋
蜂窝	混凝土表面缺少水泥砂浆而形成石子外露	构件主要受力部位有蜂窝	其他部位有少量蜂窝
孔洞	混凝土中孔穴深度和长度均超过保护层厚度	构件主要受力部位有孔洞	其他部位有少量孔洞
夹渣	混凝土中夹有杂物且深度超过保护层厚度	构件主要受力部位有夹渣	其他部位有少量夹渣
疏松	混凝土中局部不密实	构件主要受力部位有疏松	其他部位有少量疏松
裂缝	缝隙从混凝土表面延伸至混凝土内部	构件主要受力部位有影响结构性能或使用功能的裂缝	其他部位有少量不影响结构性能或使用功能的裂缝
连接部位缺陷	构件连接处混凝土有缺陷及连接钢筋、连接件松动	连接部位有影响结构传力性能的缺陷	连接部位有基本不影响结构传力性能的缺陷
外形缺陷	缺棱掉角、棱角不直、翘曲不平、飞边凸肋等	清水混凝土构件有影响使用功能或装饰效果的外形缺陷	其他混凝土构件有不影响使用功能的外形缺陷
外表缺陷	构件表面麻面、掉皮、起砂、沾污等	具有重要装饰效果的清水混凝土构件有外表缺陷	其他混凝土构件有不影响使用功能的外表缺陷

（4）施工过程中发现混凝土结构缺陷时，应认真分析缺陷产生的原因。对严重缺陷施工单位应制定专项修整方案，方案应经论证审批后再实施，不得擅自处理。

（5）混凝土结构外观一般缺陷修整应符合下列规定：

1）对于露筋、蜂窝、孔洞、夹渣、疏松、外表缺陷，应凿除胶结不牢固部分的混凝土，应清理表面，洒水湿润后应用1：2～1：2.5水泥砂浆抹平；

2）应封闭裂缝；

3）连接部位缺陷、外形缺陷可与面层装饰施工一并处理。

（6）混凝土结构外观严重缺陷修整应符合下列规定：

1）对于露筋、蜂窝、孔洞、夹渣、疏松、外表缺陷，应凿除胶结不牢固部分的混凝土至密实部位，清理表面，支设模板，洒水湿润，涂抹混凝土界面剂，应采用比原混凝土强度等级高一级的细石混凝土浇筑密实，养护时间不应少于7d；

2）混凝土结构尺寸偏差一般缺陷，可采用装饰修整方法修整。

（7）混凝土结构尺寸偏差严重缺陷，应会同设计单位共同制定专项修整方案，结构修整后应重新检查验收。

4.10 模块化构件

4.10.1 模块结构制作

（1）制作单位应根据设计文件，根据现行有关规范、标准及企业标准编制施工详图，施工详图宜有原设计工程师认可。

（2）模块制作前，应根据设计文件、施工详图、根据现行有关规范、标准及施工单位的条件，编制作艺文件。

（3）模块钢结构应根据施工详图进行放样，放样下料时应根据工艺要求预留焊缝收缩余量，及切割端铣的加工余量。

（4）放样和样板的允许偏差应符合表 4-26 的规定。

放样和样板的允许偏差　　　　　　　　　　　　　　表 4-26

项目	允许偏差（mm）
对角线	±1.0
长度	0～0.5
孔距	±0.5
组孔中心线距离	±0.5

（5）组成模块单元钢框架的杆件和零件应优先采用数控切割，按设计和工艺要求的尺寸，焊接收缩、加工余量及割缝宽度等尺寸，编制切割程序。

（6）对数量较多的相同孔组应采用钻模，以保证值孔过程中的质量要求。

（7）模块单元钢框架组装前，组装人员应熟悉图纸、组装工艺及有关技术文件的要求，检查组装用的零部件的材质、规格、尺寸、数量等均应符合设计要求，做好记录。

（8）模块单元钢框架组装宜在专门的可调整尺寸的模具上进行；模具应有足够强度和刚度，且符合模块单元钢骨架的精度要求，经检查验收方可使用。

（9）模块单元的钢框架宜在完成平面的组装、焊接、校正后，才可进行整体空间模块件加工的组装。

（10）模块结构的整体组装，重点要控制模块立柱的垂直度和模块上下平面的水平度。

（11）模块单元钢框架组装时应预放焊接余量，并对各部件进行合理的焊接收缩量合理分配。

（12）模块间相邻的连接部位应采取措施保证组装精度要求。

（13）模块结构中的个连接焊缝，应根据设计文件要求的焊缝质量等级选择相应的焊接工艺进行施焊。施焊时按工艺强度顺序进行。

（14）部件拼接焊缝应符合设计文件要求，当设计无要求时，应采用全透焊等强对焊焊缝。

（15）焊缝的尺寸偏差，外观质量和内部质量应按现行国家标准《钢结构工程质量验收规范》GB 50205 和《钢结构焊接规范》GB 50661 的规定要求进行检验。

（16）模块钢框架单元制作允许偏差如表 4-27 所示。

模块钢框架单元允许偏差 表 4-27

项目	允许偏差(mm)	检验方法
垂直度 △	±2	铅垂仪和钢尺量测
平面弯曲度 a	≤L/1500≤10	拉线和钢尺量测
边长 L(中心线)	≤L/2500≤2	钢尺量测
对角线	≤L/1500≤2	钢尺量测
柱截面扭曲	±2	拉线和钢尺量测

4.10.2 涂装

（1）组成模块钢框架加工的构件和零件，应在组装前进行除锈，以达到设计要求的除锈等级，并在规定的时间内喷涂底漆，焊缝附近 50mm 区域和工期螺栓摩擦面的区域暂不涂装，模块加工框架组装焊接完成，经检验合格后，按照原涂装要求进行布涂。

（2）涂装油漆前工程表面除锈应符合设计要求和国家现行有关标准的规定。材除锈后的工程表面不应有焊渣、油污、水和毛刺等。当设计无要求时工程表面除锈等级应符合表 4-28 的规定：

表面除锈等级 表 4-28

涂料品种	除锈等级
无机富锌	Sa1/2
油性酚醛、醇酸的底漆或防锈漆	Sa2

（3）涂料涂装数遍，涂层厚度均应符合设计要求。涂装完成后，构件的标志和编号应清晰完整。

4.10.3 防火

（1）模块加工框架单元涂装完成并经检验合格后，按照设计要求及国家现行规范进行防火涂料的喷涂。

（2）钢结构防火涂料的品种和技术性能应符合设计文件和现行国家标准《钢结构防火涂料》GB 14967 及其他相关标准的要求。防火涂料的粘接强度、抗压强度应符合现行有关标准的规定。

（3）薄涂型防火涂料的涂层厚度应符合有关耐火极限的设计要求。厚涂型防火层的厚度，80％及以上面积应符合有关防火极限的设计要求，且最薄处不应低于设计要求的 85％。

4.10.4 预拼装

（1）钢结构模块制作完成经检验合格后，宜先进行相邻模块间的预拼装，发现问题及时修改，合格后在模块钢框架角柱标记定位轴线及水平标高线作为下道工序制作按基准线。

（2）未经设计单位允许不得对模块进行切割、开孔。

4.10.5　运　输

（1）模块的运输单位应具备相应的资质，并有安全、质量和环境管理制度。

（2）模块的运输在实施前应有经施工单位技术负责人审批通过的专项施工方案，并按有关规定报总包单位、监理工程师或业主代表审核通过。对于重要的或超高、超宽、超重模块的运输的专项施工方案，宜有施工单位组织增加评审。

（3）模块场内堆放、二次运输应符合下列要求。

1）堆放场地应为平整的硬地面，模块应按组装顺序有序堆放，相互之间留有间隙。当为多层模块堆放时，应加设临时规定安全措施。

2）对开洞口刚度削弱的模块，应在运输、吊装过程中采取临时加固与防护措施，防止模块，门窗和零部件碰撞损伤。

3）应采取防止模块变形及表面污染保护措施。

4）模块的起吊点严禁随意更改，确需变动时，必须经设计单位复核通过并出具书面变更手续。

（4）模块单元在运输过程中应牢固的固定，设置垫木以防止运输过程中造成损坏。必要时，应进行运输过程中强度和高度验算。

（5）模块单元的运输应考虑道路沿线路况和限制条件，模块单元的尺寸宜符合当前运输的限值规定。

（6）模块单元在运输前应采取防水耐候的包装，确保在运输过程中不至于出现因包装损坏而引起模块单元损坏。

当集装箱组合房屋以箱模块预制，现场组装时，应符合下列要求：

1）围护构造不得有妨碍箱加工的运输吊装与安装，并满足运输、空箱检查（出口项目），堆放和吊装各阶段对变形、防水、防损和安全保护的要求。

2）预制箱因开口不能满足吊装、运输、对码时，应设有临时性或永久性的加固措施。围护单元的接缝构造应使围护功能具有连续性。

3）对应拼接需要，在预制时已外装的连接板件，水电管线和接口器件的箱模块，应有保护措施，集装箱原有的通气孔在运输阶段应予以保留。

4）当箱壁板为外墙表面时，内部连接应采用焊接、栓钉焊接或粘接等紧固件不穿透箱壁的做法。

4.11　部品部件信息化管理与标识

4.11.1　信息化管理

（1）混凝土搅拌站应具有配合比参数设置、自动纪录、统计的生产管理功能。

（2）生产流水线应能对预制钢构件生产全过程的管理功能。

1）图纸解析。

2）构件模具拼装。

3）生产流程与工艺参数设置。

4）构件信息传送。

5）生产工厂信息纪录。

4.11.2　产品标识

（1）预制构件检验合格后，应在构件上设置表面标识，标识内容包括构件编号、制作日期、质量合格状态、生产单位等。

（2）出厂合格证：

1）构件运输前应填写产品出厂合格证，合格证需含有产品规格型号、生产日期、28d 混凝土强度、材料信息等。

2）有条件情况下，可在构件内放置芯片或在构件明显位置粘贴二维码，将构件生产、管理相关内容置于其中，便于生产厂家管理人员和现场施工人员方便查询相关信息。

第 5 章　装配式混凝土构件安装

5.1　一般规定

（1）预制混凝土构件的结构性能检验应符合《混凝土结构工程施工质量验收规范》GB 50204、《装配式混凝土结构技术规程》JGJ 1、《装配式混凝土建筑技术标准》GB/T 51231的相关要求。

（2）预制构件进入施工现场应对预制构件出厂信息化标识、出厂合格证、使用说明书和外观质量及质量控制资料等进行验收。

（3）预制混凝土构件锚固钢筋用的灌浆料进场后应按进场批次每 5t 为一个检验批，不足 5t 的也作为一个检验批进行抽样，根据《水泥基灌浆料材料应用技术规范》GB/T 50448 和《钢筋连接用套筒灌浆料》JG/T 408 的规定及检测方法对其抗压强度、流动性、竖向膨胀率进行检测。

（4）钢筋套筒与钢筋连接应按相应规范要求进行检验复试。

（5）当外墙构件拼接缝采用嵌缝材料防水时，嵌缝材料进入现场后应按进场批次每 2t 为一个检验批，不足 2t 的也作为一个检验批进行抽样，对其流动性、挤出性、粘结性进行检测。

（6）当无施工单位或监理单位代表驻厂监督，又未对预制混凝土构件做结构性能检验时，预制混凝土构件进场后应对混凝土强度采用无损检测，钢筋间距、保护层厚度、钢筋直径采用电磁感应法抽样检测。

（7）叠合楼板、叠合墙体等现浇混凝土的质量应按《混凝土结构工程施工质量验收规范》GB 50204 的规定进行验收。

（8）未经设计允许，不得对预制构件进行切割、开洞。

5.2　混凝土构件

（1）进入现场的构件性能应符合设计要求，并具有完整的构件出厂质量合格证明文件、型式检验报告、现场抽样检测报告。

（2）专业企业生产的混凝土预制构件进场时，应按每批进场不超过 1000 个同类型预制构件为一批，在每批中应随机抽取 1 个构件进行结构性能检验报告或实体检验报告检查，预制构件结构性能检验应符合下列规定：

1）梁板类简支受弯预制构件进场时应进行结构性能检验，并应符合下列规定：

① 结构性能检验应符合国家现行相关标准的规定及设计要求，检验要求和试验方法应符合《混凝土结构工程施工质量验收规范》GB 50204 附录 C 的规定；

②钢筋混凝土构件和允许出现裂缝的预应力混凝土构件应进行承载力、挠度和裂缝宽度检验，不允许出现裂缝的预应力混凝土构件应进行承载力、挠度和抗裂检验；

③对大型构件及有可靠应用经验的构件，可只进行裂缝宽度、抗裂和挠度检验；

④对使用数量较少的构件，当能提供可靠依据时，可不进行结构性能检验。

2）对其他预制构件，除设计有专门要求外，进场时可不做结构性能检验。

3）对进场时不做结构性能检验的预制构件，应采取下列措施：

①施工单位或监理单位代表应驻厂监督制作过程；

②当无驻厂监督时，预制构件进场时应对预制构件主要受力钢筋数量、规格、间距及混凝土强度等进行实体检验。

注："同类型"是指同一钢种、同一混凝土强度等级、同一生产工艺和同一结构形式。抽取预制构件时，宜从设计荷载最大、受力最不利或生产数量最多的预制构件中抽取。

（3）构件进场时，应对构件上的预埋件、插筋和预留孔洞的规格、位置和数量进行全数检查。

（4）构件进场时，应对尺寸偏差进行全数检查，构件不应有影响结构性能、安装和使用功能的尺寸偏差。对超过尺寸允许偏差且影响结构性能和安装、使用功能的部位，应按技术处理方案进行处理，并重新检查验收。

（5）混凝土构件的混凝土强度、钢筋直径、钢筋位置应全数检查，并符合设计要求。

（6）装饰混凝土构件应观察或小锤敲打构件，检查构件是否符合下列规定：

1）采用彩色饰面构件的外表而应色泽一致。

2）采用陶瓷类装饰面砖一次反打成型构件，面砖应粘结牢固、排列平整、间距均匀。

（7）夹心保温墙板应按每种规格抽查3块构件测量保温材料厚度；核查出厂合格证明文件、型式检验报告，检查热工性能是否符合设计要求。

（8）叠合构件进厂时，应检查其端部钢筋留出长度和上部粗糙面是否符合设计要求，当粗糙面设计无具体要求时，可采用拉毛或凿毛等方法制作粗糙面。粗糙面凹凸深度不应小于4mm。

（9）构件外观尺寸允许偏差及检验方法应符合表5-1的规定。构件有粗糙面时，与粗糙面相关的尺寸允许偏差可适当放宽。在同一检验批内，对梁、柱、墙和板应抽查构件数量的10%，且不少于3件；对大空间结构墙可按相邻轴线间高度5m左右划分检查面，板可按纵、横轴线划分检查面，抽查10%，且均不少于3面。

构件外观尺寸允许偏差及检验方法　　　　　表5-1

项目		允许偏差（mm）	检验方法
长度	板、梁、柱、桁架 ＜12m	±5	钢尺量测
	≥12m且＜18m	±10	
	≥18m	±20	
	墙板	±4	
宽度、高（厚）度	板、梁、柱、桁架截面尺寸	±5	钢尺量一端及中部取其中偏差绝对值较大处

项目		允许偏差(mm)	检验方法
表面平整度	板、梁、柱、墙板内表面	5	2m 靠尺和塞尺
	墙板外表面	3	
侧向弯曲	板、梁、柱	$l/750$ 且<20	拉线,钢尺量侧向弯曲处
	墙板、桁架	$l/1000$ 且<20	
翘曲	板	$l/750$	调平尺在两端量测
	墙板、门窗口	$l/1000$	
对角线	板	10	钢尺量测两个对角线
	墙板、门窗口	5	
挠度变形	板、梁、桁架设计起拱	±10	拉线,钢尺量测最大弯曲处
	板、梁、桁架下垂	0	
预埋孔	中心线位置	5	钢尺量测
	尺寸孔	±5	
预留孔洞	中心线位置	5	
	洞口尺寸、深度	±10	
门窗洞	中心位置偏移	5	
	宽度、高度	±3	
预埋件	预制件锚板中心线位置	5	
	预埋件锚板与混凝土面平面高差	0,-5	
	预埋螺栓中心线位置	2	
	预埋螺栓外露长度	+10,-5	
	预埋套筒、螺母中心线位置	2	
	预埋套筒、螺母与混凝土面平面高差	0,-5	
	线管、电盒、木砖、吊环与构件表面的中心线位置偏差	20	
预留钢筋	中心线位置	3	
	外露长度	+5,-5	
键槽	中心线位置	±5	

注：1. l 为构件长度（mm）。
　　2. 检查中心线、螺栓和孔道位置时，应沿纵、横两个方向量测，并取其较大值。
　　3. 对形状复杂或有特殊要求的构件，其尺寸偏差应符合标准图或设计的要求。

（10）叠合板的质量应符合下列要求：

1）叠合板尺寸允许偏差及检验方法应符合表 5-2 的规定，留出构件钢筋（钢丝）长度不应小于设计要求。

2）预应力叠合板不允许有垂直于预应力钢丝方向的裂缝，双向预应力薄板两个方向均不得有裂缝。

（11）构件的外观质量不应有严重缺陷，且不宜有一般缺陷。现场对构件已经出现的一般缺陷，应由监理（建设）单位、施工单位对外观质量和尺寸偏差进行检查，作出记录，及时按技术处理方案对缺陷进行处理，并重新检查验收。

叠合板尺寸允许偏差及检验方法 表 5-2

项目		允许偏差(mm)	检验方法
长度		±5	用尺量测平行于板长方向的任何部位
宽度		±5	用尺量测垂直于板长方向底面的 任何部位
厚度		+5，-3	用尺量测与长边竖向垂直的任何 部位
对角线		5	用尺量测板面的两个对角线
侧向弯曲		$l/750$ 且<20	拉线，用尺量测侧向弯曲最大处
翘曲		$l/750$	调平尺在板两端量测
表面平整度		5	用 2m 靠尺和塞尺，量测靠尺与 板面最大间隙
底板平整度		4	在板侧立情况下，2m 靠尺、塞尺 量测靠尺与板底的最大间隙
预应力钢筋保护层厚度		+5，-3	用尺或钢筋保护层厚度测定仪 量测
预应力钢筋外伸长度		+30，-10	用尺在板两端量测
预埋件	中心位置偏移	10	用尺量测纵、横两个方向中心线，取其中较大值
	与混凝土面平整	5	用平尺或钢盘测
预留孔洞	中心位置偏移	10	用尺量测纵、横两个方向中心线，取其中较大值
	规格尺寸	+10，0	用尺量测

注：l 为构件长度（mm）。

5.3 装配式混凝土结构安装

（1）混凝土构件安装施工时，应核对图纸，观察构件的品种、规格和尺寸应符合设计要求，构件应在明显部位标明工程名称、生产单位、构件型号、生产日期和质量验收内容的标志。

（2）预制构件吊装校核与调整应符合下列规定：

1）预制墙板、预制柱等竖向构件安装后，应对安装位置、安装标高、垂直度、累计垂直度进行校核与调整；

2）叠合构件、预制梁等水平构件安装后应对安装位置、安装标高进行校核与调整；

3）相邻预制板类构件，应对相邻预制构件平整度、高低差、拼缝尺寸进行校核与调整；

4）预制装饰类构件应对装饰面的完整性进行校核与调整。

（3）叠合构件的叠合层、接头和拼缝混凝土，应按每层做 1 组混凝土试件或砂浆试件，并检查同条件养护的混凝土强度试验报告或砂浆强度试验报告，当其现浇混凝土或砂浆强度未达到吊装混凝土强度设计要求时，不得吊装上一层结构构件；当设计无具体要求时，混凝土或砂浆强度不得小于 10MPa 或具有足够的支承方可吊装上一层结构构件；已安装完毕的装配式结构应在混凝土或砂浆强度达到设计要求后，方可承受全部设计荷载。

（4）叠合楼面板铺设时，板底应坐浆，且标高一致。叠合构件的表面粗糙度应符合设计要求，设计无明确要求的应不小于 4mm，且清洁无杂物。预制构件的外露钢筋长度应符合设计要求。

（5）预制叠合墙板预埋件位置应准确，板外连接筋应顺直，无浮浆，竖向空腔内应逐层浇灌混凝土，混凝土应浇灌至该层楼板底面以下 300～450mm 并满足插筋的锚固长度要求。剩余部分应在插筋布置好之后与楼面板混凝土浇灌成整体。应按每流水段预制墙板抽样不少于 10 个点，且不少于 10 个构件，采用钢尺和拉线等辅助量具实测。

（6）构件底部坐浆的水泥砂浆强度应符合设计要求。无设计要求时，砂浆强度应高于构件混凝土强度 1 个等级。

（7）预制构件安装尺寸允许偏差及检验方法应符合表表 5-3 规定。

预制构件安装尺寸允许偏差及检验方法　　　　　表 5-3

项目		允许偏差(mm)	检验方法
柱、墙等竖向结构构件	标高	±5	经纬仪测量
	中心位移	5	
	倾斜	$l/500$	
梁、楼板等水平构件	中心位移	5	钢尺量测
	标高	±5	
	叠合板搁置长度	>0,≤+15	
外墙挂板	板缝宽度	±5	
	通常缝直线度	5	
	接缝高差	3	

注：l 为构件长度（mm）。

5.4　钢筋套筒灌浆和钢筋浆锚连接

（1）钢筋套筒的规格、质量应符合设计要求，套筒与钢筋连接的质量应符合设计要求。现场安装时，应提供钢筋套筒的质量证明文件和套筒与钢筋连接的抽样检测报告。

（2）灌浆料的质量应符合《水泥基灌浆料材料应用技术规范》GB/T 50448、《钢筋连接用套筒灌浆料》JG/T 408 的要求，见表 5-4、表 5-5。现场安装时，应提供质量证明文件和抽样检验报告。

钢筋浆锚搭接连接接头用灌浆料性能要求　　　　　表 5-4

项　目		性能指标	试验方法标准
泌水率(%)		0	《普通混凝土拌合物性能试验方法标准》JGJ/T 50080
流动度(mm)	初始值	≥200	《水泥基灌浆材料应用技术规程》JGJ/T 50448
	30min 保留值	≥150	
竖向膨胀率(%)	3h	≥0.02	《水泥基灌浆材料应用技术规程》JGJ/T 50448
	24h 与 3h 的膨胀率之差	0.02～0.5	
抗压强度(MPa)	1d	≥25	《水泥基灌浆材料应用技术规程》JGJ/T 50448
	3d	≥45	
	28d	≥60	
氯离子含量(%)		≤0.06	《混凝土外加剂均质性试验方法》JGJ/T 8077

注：当预制构件混凝土强度等级高于 C50 时，28d 抗压强度值应适当提高。

钢筋套筒灌浆连接用灌浆料性能要求　　　　　　　　　　表 5-5

项　　目		性能指标	试验方法
泌水率		0	《普通混凝土拌合物性能试验方法标准》JGJ/T 50080
流动度（mm）	初始值	≥290	《水泥基灌浆材料应用技术规程》JGJ/T 50448
	30min 保留值	≥260	
竖向膨胀率（%）	3h	0.00~0.35	《水泥基灌浆材料应用技术规程》JGJ/T 50448
	24h	0.02~0.50	
抗压强度（MPa）	1d	30	JGJ/T 17671
	3d	50	
	28d	85	
对钢筋腐蚀作用		无	JGJ 18076

（3）构件留出的钢筋长度及位置应符合设计要求。尺寸超出允许偏差范围且影响安装时，必须采取有效纠偏措施，严禁擅自切割钢筋。

（4）现场套筒注浆应充填密实，所有出浆口均应出浆。同时模拟构件连接接头的灌浆方式，每种规格钢筋应制作不少于 3 个套筒灌浆接头试件，并做好施工记录。

（5）灌浆料的 28d 抗压强度应符合设计要求。用于检验强度的试件应在灌浆时现场制作，以每层为一个检验批，每工作班应制作 1 组且每层不应少于 3 组尺寸为 40mm×40mm×160mm 的长方体试件，标准养护 28d 后进行抗压强度试验，并应做好灌浆施工记录、强度试验报告及评定记录。

（6）采用浆锚连接时，钢筋的数量和长度除应符合设计要求外，尚应符合下列规定：

1）注浆预留孔道长度应大于构件预留的锚固钢筋长度。

2）预留孔宜选用镀锌螺旋管，管的内径应大于钢筋直径 15mm。

（7）预留孔的规格、位置、数量和深度应符合设计要求，连接钢筋偏离套筒或孔洞中心线不应超过 5mm。

5.5　装配式混凝土结构连接

（1）装配式结构构件的连接方式应符合设计要求。

（2）构件锚筋与现浇结构钢筋的搭接长度必须符合设计要求。

（3）装配式结构中构件的接头和拼缝应符合设计要求。当设计无具体要求时，应符合下列规定：

1）对承受内力的接头和拼缝，应采用混凝土或砂浆浇筑，其强度等级应不低于构件混凝土强度等级。

2）对不承受内力的接头和拼缝，应采用混凝土或砂浆浇筑，其强度等级不应低于 C15 或 M15。

3）用于接头和拼缝的混凝土或砂浆，宜采取微膨胀措施和快硬措施，在浇筑过程中应振捣密实，并采取必要的养护措施。

4）外墙板间拼缝宽度不应小于 15mm 且不宜大于 20mm。

5）构件的接头和拼缝混凝土施工时，应做好施工记录及试件强度试验报告。

（4）构件搁置长度应符合设计要求。设计无要求时，梁搁置长度不应小于 15mm，楼面板搁置长度不应小于 10mm。

（5）梁与柱连接应符合下列要求：

1）安装梁的柱间距、主梁和次梁尺寸应符合设计要求。

2）梁、柱构件采用键槽连接时，键槽内的 U 形钢筋直径不 应小于 12mm，不宜超过 20mm。钢绞线弯锚长度不应小于 210mm，梁端键槽和键槽内 U 形钢筋平直段的长度应满足表 5-6 的规定。伸入节点的 U 形钢筋面积，一级抗震等级不应小于梁上部钢筋面积的 0.55 倍，二、三级抗震等级不应小于梁上部钢筋面积的 0.4 倍。

梁端键槽长度规定　　　　　　　　　　　　　表 5-6

项目	键槽长度 l_j(mm)	键槽内 U 形钢筋平直段的长度 l_u(mm)
非抗震设计	$0.5l_1+50$ 与 350 的较大值	$0.5l_1$ 与 300 的较大值
抗震设计	$0.5l_{1e}+50$ 与 400 的较大值	$0.5l_{1e}$ 与 350 的较大值

注：l_1、l_{1e} 为 U 形钢筋搭接长度（mm）。

3）采用型钢辅助连接的节点及接缝处的纵筋宜采用可调组合套筒钢筋接头，预制梁中钢筋接头处套筒外侧箍筋保护层厚度不应小于 15mm，预制柱中钢筋接头处套筒外侧箍筋的保护层厚度不应小于 20mm。现场施工时，应做好隐蔽工程验收记录。

（6）外墙板拼缝处理应符合下列要求：

1）当采用密封材料防水时，密封材料的性能应符合《混凝土建筑用密封胶》JC/T 881 或《聚氨酯建筑密封胶》JC/T 482 的规定，密封胶必须与板材粘结牢固，应打注均匀、饱满，厚度不应小于 10mm，板缝过深应加填充材料，不得有漏嵌、虚粘等现象。外墙板接缝不得渗水。

2）外墙板接缝采用水泥基材料防水时，嵌缝前应用水泥基无收缩灌浆料灌实或用干硬性水泥砂浆捻塞严实，灌浆料的嵌缝深度不得小于 15mm，干硬性水泥砂浆捻塞深度不应小于 20mm。

3）当采用构造防水时，外墙板的边不得损坏；对有缺棱掉角或边角裂缝的墙板，修补后方可使用；竖向接缝浇筑混凝土后，防水空腔应畅通。

4）当预制构件外墙板连接板缝带有防水止水条时，其品种、规格、性能等应符合国家现行产品标准和设计要求。防水材料应具有质量合格证明文件、现场抽样检测报告、隐蔽验收记录和雨后观察或检测的淋水试验记录。

（7）预制构件采用机械连接或焊接方式，其连接螺栓的材质、规格、拧紧、连接件及焊缝尺寸应符合设计要求及《钢结构设计规范》GB 50017、《钢结构工程质量验收规范》GB 50205 和《钢结构焊接规范》GB 50661 的有关规定。

（8）预制楼梯连接方式和质量应符合设计要求。

（9）阳台板、室外空调机搁板连接方式应符合设计要求。

（10）预制阳台、楼梯、室外空调机搁板安装允许偏差及检验方法应符合表 5-7 的规定。同类型构件，抽查 5% 且不少于 3 件。

项目	允许偏差（mm）	检验方法
水平位置偏差	5	钢尺量测
标高偏差	±5	
搁置长度偏差	5	

5.6　室内给排水工程

（1）室内给水排水管道应与结构本体分离，并宜在非结构部品内设置完成。

（2）给水管道宜布置和敷设在墙体、吊顶或楼地面的架空层或垫层内，公共建筑宜嵌墙敷设；给水管道应考虑防腐蚀、隔声减噪和防结露等措施。

（3）给水管道暗设时，应符合下列要求：

1）不得直接敷设在建筑物结构层内。

2）干管和立管应敷设在吊顶、管井内，支管宜敷设在楼（地）面的垫层内或沿墙敷设在管槽内。敷设在楼（地）面的垫层内或沿墙敷设在管槽内的给水支管的外径不宜大于 25mm。

（4）给水系统的给水立管与部品水平管道的接口宜设置内螺纹活接连接。穿越预制墙体的管道应预留套管；穿越预制楼板的管道应预留洞；穿越预制梁的管道应预留钢套管。

（5）排水管道宜采用同层排水方式敷设，并应结合建筑层高、楼板跨度、卫生部品及管道长度、坡度等因素综合确定方案。同层排水的卫生间地坪应有可靠的防渗漏水措施，并宜采取上下两层防水措施。

（6）同层排水的排水管材选择及安装方式应充分考虑回填层或架空层对管材的热应力影响，以避免管道漏水。

（7）装配式混凝土居住建筑整体卫浴、整体厨房的同层排水管道和给水管道，均应在设计预留的安装空间内敷设。同时预留和明示与外部管道接口的位置。

（8）整体卫浴间的卫浴给水排水部件，其标高、位置及允许偏差项目应执行现行国家标准《建筑给排水及采暖工程施工质量验收规范》GB 50242 的规定。

（9）太阳能热水系统集热器、储水罐等的安装应考虑与建筑一体化，做好预留预埋。

（10）敷设在垫层、墙体管槽内的给水管材宜采用塑料、金属与塑料复合管或耐腐蚀的金属管材，并采取严密的防漏措施。

（11）所有材料、构件和配件进场时应有产品合格证书、使用说明书及相关性能的检测报告，并应按相应技术标准进行验收；进口产品应有出入境商品检验、检疫合格证明。

（12）在预制构件内预埋的连接套管应同后期施工中使用的管路材质、管径配套。

（13）主要设备、材料、成品和半成品应进场验收合格，并应做好验收记录和验收资料归档。当设计有技术参数要求时，应核对其技术参数，并应符合设计要求。

5.7　建筑电气工程

（1）电器管线宜与结构本体分离布置；当采用一体化预制时，电气设备及管线的性能，应满足预制构件工厂化生产、机械化安装的需求。

（2）建筑电气管线与预制构件的关系宜符合下列规定：

1）低压配电系统的主干线宜在公共区域的电气竖井内设置；

2）功能单元内终端线路较多时，宜考虑采用桥架或线槽敷设，较少时可考虑统一预埋在预制板内或装饰墙面内，墙板内竖向电气管线布置应保持安全间距，不同功能单元的管线应户界分明。

3）凡在预制墙体上设置的配电箱、弱电信息箱、开关、电源插座、信息出线口及其必要的接线盒、连接管等均应由结构专业进行预留预埋，并应采取有效措施，满足隔声及防火要求，不宜在房间围护结构安装后凿剔沟、槽、孔、洞。

4）沿叠合楼板现浇层暗敷的电气管路，应在预制楼板灯位处预埋深型接线盒。沿叠合楼板、预制墙体预埋的电气灯头盒、接线盒及其管路与现浇相应电气管路连接时，墙面预埋盒下（上）宜预留标准化的接线槽口，便于施工接管操作。

5）消防线路预埋暗敷在预制墙体上时，应采用穿导管保护，并应预埋在不燃烧体的结构内，其保护层厚度不应小于 30mm。当无法满足时，应采取相应的防火措施。

6）暗敷的电气管路宜选用有利于交叉敷设的难燃可挠管材。

（3）强、弱电管井内宜采用后浇楼板、非预制墙体。

（4）防雷及安全接地应满足下列要求：

1）应按现行国家标准《建筑物防雷设计规范》GB 50057 确定建筑物的防雷类别，并按防雷分类设置完善的防雷设施。电子信息系统应符合《建筑物电子信息系统防雷技术规范》GB 50343 的要求。

2）防雷接地宜与工作接地、安全保护接地等共用接地装置，防雷引下线和共用接地装置应充分利用建筑及钢结构自身作为防雷接地装置。

3）结构基础可作为自然接地体，在其不满足要求时，设人工接地体。

4）电源配电间和设有洗浴设施的卫生间应设等电位联结的接地端子，该接地端子应与建筑物本身的结构金属物联结。金属外窗应与建筑物本身的结构金属物联结。

（5）智能化系统设计应符合下列规定：

1）智能化系统设计时应预留便于扩展和可能增加的线路、信息点。

2）智能化综合信息箱宜集中设置，有线电视、通信网络、安全监控等线路宜集中布线，智能系统终端的位置和数量应明确。

3）当智能化系统增加新的内容时，不应影响原有功能，不得影响与整幢建筑或整个小区的联动。

4）装配式钢结构建筑各弱电子系统的系统构成及设置标准尚应符合国家现行标准《智能建筑设计标准》GB 50314、《民用建筑电气设计规范》JGJ 16 等相关标准、规范的规定。

第6章　装配式混凝土结构工程的验收

装配式建筑工程的验收与常规工程验收在程序内容上既有相同之处也有差异之处，验收程序。验收参加的单位和人员，验收的划分等方面是相同的，不同之处是增加了部品部件的验收环节。

6.1　验收程序

1. 构件验收

浇筑混凝土之前，应通知技术部门进行构件钢筋隐蔽验收。有驻场监理或驻场总包单位的，技术部门检查合格后应通知其进行隐蔽工程验收。

2. 首件验收

部品部件生产单位应在梁、柱、剪力墙等主要受力构件首件生产完成后，通知建设、设计、施工、监理等单位进行验收，合格后才能批量生产。

3. 进场验收

部品部件进行进场后施工单位应通知建设、监理、设计、构件生产等单位的相关人员进行构件进场验收。验收应形成相关记录。

4. 建筑工程施工质量验收要求

（1）工程质量验收均应在施工单位自检合格的基础上进行；

（2）参加工程施工质量验收的各方人员应具备相应的资格；

（3）检验批的质量应按主控项目和一般项目验收；

（4）对涉及结构安全、节能、环境保护和主要使用功能的试块、试件及材料，应在进场时或施工中按规定进行见证检验；

（5）隐蔽工程在隐蔽前应由施工单位通知监理单位进行验收，并应形成验收文件，验收合格后方可继续施工；

（6）对涉及结构安全、节能、环境保护和使用功能的重要分部工程，应在验收前按规定进行抽样检验；

（7）工程的观感质量应由验收人员现场检查，并应共同确认。

5. 检验批、分项、分部工程验收程序

（1）检验批应由专业监理工程师组织施工单位项目专业质量检查员、专业工长等进行验收。

（2）分项工程应由专业监理工程师组织施工单位项目专业技术负责人等进行验收。

（3）分部工程应由总监理工程师组织施工单位项目负责人和项目技术负责人等进行验收。

勘察、设计单位项目负责人和施工单位技术、质量部门负责人应参加地基与基础分部工程的验收。

设计单位项目负责人和施工单位技术、质量部门负责人应参加主体结构、节能分部工程的验收。

6. 单位工程验收程序

（1）单位工程中的分包工程完工后，分包单位应对所承包的工程项目进行自检，并应按本标准规定的程序进行验收。验收时，总包单位应派人参加。分包单位应将所分包工程的质量控制资料整理完整，并移交给总包单位。

（2）单位工程完工后，施工单位应组织有关人员进行自检。总监理工程师应组织各专业监理工程师对工程质量进行竣工预验收。存在施工质量问题时，应由施工单位及时整改。整改完毕后，施工单位向建设单位提交工程竣工报告，申请工程竣工验收。实行监理的工程，工程竣工报告须经总监理工程师签署意见。

（3）建设单位收到工程竣工报告后，对符合竣工验收要求的工程，组织勘察、设计、施工、监理等单位组成验收组，制定验收方案。对于重大工程和技术复杂工程，根据需要可邀请有关专家参加验收组。

（4）建设单位应当在工程竣工验收 7 个工作日前将验收的时间、地点及验收组名单书面通知负责监督该工程的工程质量监督机构。

（5）建设单位组织工程竣工验收。

1）建设、勘察、设计、施工、监理单位分别汇报工程合同履约情况和在工程建设各个环节执行法律、法规和工程建设强制性标准的情况；

2）审阅建设、勘察、设计、施工、监理单位的工程档案资料；

3）实地查验工程质量；

4）对工程勘察、设计、施工、设备安装质量和各管理环节等方面作出全面评价，形成经验收组人员签署的工程竣工验收意见。

（6）工程竣工验收的程序

参与工程竣工验收的建设、勘察、设计、施工、监理等各方不能形成一致意见时，应当协商提出解决的方法，待意见一致后，重新组织工程竣工验收。

（7）竣工验收报告

1）竣工验收报告内容

工程竣工验收合格后，建设单位应当及时提出工程竣工验收报告。工程竣工验收报告主要包括工程概况，建设单位执行基本建设程序情况，对工程勘察、设计、施工、监理等方面的评价，工程竣工验收时间、程序、内容和组织形式，工程竣工验收意见等内容。

2）竣工验收报告应附的文件

① 施工许可证。

② 施工图设计文件审查意见。

③ 工程竣工报告、监理单位工程质量评估报告、勘察及设计单位的质量检查报告、施工单位签署的工程质量保修书。

④ 验收组人员签署的工程竣工验收意见。

⑤ 法规、规章规定的其他有关文件。

（8）验收监督

负责监督该工程的工程质量监督机构应当对工程竣工验收的组织形式、验收程序、执行验收标准等情况进行现场监督，发现有违反建设工程质量管理规定行为的，责令改正，并将对工程竣工验收的监督情况作为工程质量监督报告的重要内容。

7. 建筑工程质量验收的程序和组织

单位工程质量验收应由建设单位项目负责人组织，由于勘察、设计、施工、监理单位都是责任主体，因此各单位项目负责人应参加验收，施工单位项目技术、质量负责人和监理单位的总监理工程师也应参加验收。

由几个施工单位负责施工的单位工程，当其中的子单位工程已按设计要求完成，并经自行检验，也可按规定的程序组织正式验收，办理交工手续。在整个单位工程验收时，已验收的子单位工程验收资料应作为单位工程验收的附件。

单位工程（包括子单位工程）竣工后，组织验收和参加验收的单位及必须参加验收的人员规定。《建设工程质量管理条例》第十六条规定"建设单位……应当组织设计、施工、工程监理等有关单位进行竣工验收"。这里规定设计、施工单位负责人或项目负责人及施工单位的技术、质量负责人和工程监理单位的总监理工程师参加竣工验收。2013 年 12 月 2 日住房和城乡建设部印发了《房屋建筑和市政基础设施工程竣工验收规定》对竣工验收的程序、要求、内容作出了规定。主要内容见本书第 1 章第四节。

6.2　验收内容

1. 构件验收

（1）隐蔽验收

浇筑混凝土之前，应进行钢筋隐蔽工程验收。隐蔽工程验收应包括下列主要内容：

1）纵向受力钢筋的牌号、规格、数量、位置；

2）钢筋的连接方式、接头位置、接头质量、接头面积百分率、搭接长度、锚固方式及锚固长度；

3）箍筋、横向钢筋的牌号、规格、数量、间距、位置，箍筋弯钩的弯拆角度及平直段长度；

4）预留连接套筒、预留吊装的吊钩等预埋件的规格、数量和位置；

5）夹芯板连接件的规格、数量和位置以及连接方式。

（2）首件验收

部品部件生产单位应在梁、柱、剪力墙等主要受力构件首件生产完成后，通知建设、设计、施工、监理等单位进行验收，合格后才能批量生产。

（3）出厂验收

部品部件出厂质量验收包含如下内容：

1）应有制作详图、原材料合格证和复试报告、隐蔽验收记录、技术处理方案、工艺检验、实体检验和型式检验等质量控制资料，并作为合格证的附件交付施工单位。

2）应有包含生产企业名称、部品部件名称、型号及编号、质量状况、生产和出厂日期、检验员和质量负责人签名，企业印章等内容的出厂合格证；

3）部品部件的外观、尺寸、预埋件、插筋、叠合面粗糙度和凹凸深度应符合设计文件和标准要求，部品部件上应标明项目名称、楼栋号、层次、编号、有关验收人员信息；

4）部品部件应有记录项目名称、生产单位名称、设计文件、生产和出厂日期、检测报告、验收记录等质量信息的芯片或二维码。

（4）进场验收

部品部件进行进场检查验收，并形成记录。主要检查质量控制资料、标识、外观质量、尺寸、预埋件数量和位置、插筋的规格数量和锚固长度、预埋管线以及灌浆套筒的预留位置、套筒内杂质、注浆孔通透性、叠合面的粗糙度等。

2. 安装验收

（1）验收内容

对吊装、灌浆、坐浆、混凝土浇筑、外墙密封防水等关键工序、关键部位进行检查验收，并形成相应文件；对灌浆料、坐浆料、外墙密封胶、灌浆套筒的工艺、连接接头的抗拉强度、灌浆密实度等进行见证取样送检。

（2）关键环节验收

1）检查验收部品部件安装就位后的临时固定措施，应保证其处于安全状态。在部品部件连接接头未达到设计工作状态或未形成稳定结构体系前，不得拆除部品部件的临时固定措施。

2）套筒灌浆施工前，应检查施工单位的工艺试验，每种规格钢筋套筒不少于三个，检验合格后方可进行灌浆作业；其他连接方式应按照标准或专项方案进行工艺试验。

3）部品部件节点连接的验收应符合以下要求：

① 采用钢筋套筒灌浆连接、钢筋浆锚搭接连接的部品部件就位前，应对套筒、预留孔及被连接钢筋的规格、位置、数量等进行检查，符合要求后方可吊装；

② 部品部件安装就位后应及时校准，校准后应采取临时固定措施；

③ 安装完成后的节点应采取非破损或破损的方法进行实体质量检测。

3. 装配式结构工程验收

（1）工业化生产的构件、部件等在现场进行安装的，按本标准的规定进行主体结构验收，其装配式结构作为主体结构之一应按子分部工程进行验收；当主体结构均为装配式结构时应按分部工程验收。

（2）工业化生产的装配式结构构件、模块安装验收后，应和现场施工的其他分部工程一并进行单位工程竣工验收。

（3）验收的程序和组织应符合《建筑工程施工质量验收统一标准》GB 50300 及《住房和城乡建设部关于印发〈房屋建筑和市政基础设施工程竣工验收规定〉的通知》（建质〔2013〕171 号）文件的规定。

（4）装配式结构（子）分部工程施工质量验收时应提供下列文件和记录：

1）装配式结构工程竣工图纸及相关设计文件；

2）原材料、装配式构件及部件的出厂合格证和进场复验报告；

3）有关安全及功能的检验和见证检测项目检测报告；

4）装配式结构质量验收记录及现场管理记录；

5）隐蔽工程检验项目检查验收记录；

6）分部（子分部）工程所含分项工程及检验批质量验收记录；

7）专项施工方案；

8）其他有关文件和记录。

4. 单位工程验收

（1）建筑工程的施工质量控制应符合下列规定：

1）建筑工程采用的主要材料、半成品、成品、建筑构配件、器具和设备应进行进场检验。凡涉及安全、节能、环境保护和主要使用功能的重要材料、产品，应按各专业工程施工规范、验收规范和设计文件等规定进行复验，并应经监理工程师检查认可。

2）各施工工序应按施工技术标准进行质量控制，每道施工工序完成后，经施工单位自检符合规定后，才能进行下道工序施工。各专业工种之间的相关工序应进行交接检验，并应记录。

3）对于监理单位提出检查要求的重要工序，应经监理工程师检查认可，才能进行下道工序施工。

（2）工程竣工验收条件：

1）完成工程设计和合同约定的各项内容。

2）施工单位在工程完工后对工程质量进行了检查，确认工程质量符合有关法律、法规和工程建设强制性标准，符合设计文件及合同要求，并提出工程竣工报告。工程竣工报告应经项目经理和施工单位有关负责人审核签字。

3）对于委托监理的工程项目，监理单位对工程进行了质量评估，具有完整的监理资料，并提出工程质量评估报告。工程质量评估报告应经总监理工程师和监理单位有关负责人审核签字。

4）勘察、设计单位对勘察、设计文件及施工过程中由设计单位签署的设计变更通知书进行了检查，并提出质量检查报告。质量检查报告应经该项目勘察、设计负责人和勘察、设计单位有关负责人审核签字。

5）有完整的技术档案和施工管理资料。

6）有工程使用的主要建筑材料、建筑构配件和设备的进场试验报告，以及工程质量检测和功能性试验资料。

7）建设单位已按合同约定支付工程款。

8）有施工单位签署的工程质量保修书。

9）对于住宅工程，进行分户验收并验收合格，建设单位按户出具《住宅工程质量分户验收表》。

10）建设主管部门及工程质量监督机构责令整改的问题全部整改完毕。

11）法律、法规规定的其他条件。

6.3 不合格工程的处理

一般情况下，不合格现象在最基层的验收单位——检验批时就应发现并及时处理，否则将影响后续检验批和相关的分项工程、分部工程的验收。因此所有质量隐患必须尽快消灭在萌芽状态。

1. 建筑工程施工质量不符合要求的处理原则

（1）经返工或返修的检验批，应重新进行验收；

（2）经有资质的检测机构检测鉴定能够达到设计要求的检验批，应予以验收；

（3）经有资质的检测机构检测鉴定达不到设计要求、但经原设计单位核算认可能够满足安全和使用功能的检验批，可予以验收；

（4）经返修或加固处理的分项、分部工程，满足安全及使用功能要求时，可按技术处理方案和协商文件的要求予以验收。

2. 不符合要求的几种情况

第一种情况，是指在检验批验收时，其主控项目不能满足验收规范规定或一般项目超过偏差限值的子项不符合检验规定的要求时，应及时进行处理的检验批。其中，严重的缺陷应推倒重来；一般的缺陷通过翻修或更换器具、设备予以解决，应允许施工单位在采取相应的措施后重新验收。如能够符合相应的专业工程质量验收规范，则应认为该检验批合格。

第二种情况，是指个别检验批发现试块强度等不满足要求等问题，难以确定是否验收时，应请具有资质的法定检测单位检测。当鉴定结果能够达到设计要求时，该检验批仍应认为通过验收。

第三种情况，如经检测鉴定达不到设计要求，但经原设计单位核算，仍能满足结构安全和使用功能的情况，该检验批可以予以验收。一般情况下，规范标准给出了满足安全和功能的最低限度要求，而设计往往在此基础上留有一些余量。不满足设计要求和符合相应规范、标准的要求，两者并不矛盾。

如果某项质量指标达不到规范的要求，多数也是指留置的试块失去代表性，或是因故缺少试块的情况，以及试块试验报告有缺陷，不能有效证明该项工程的质量情况，或是对该试验报告有怀疑时，要求对工程实体质量进行检测。经有资质的检测单位检测鉴定达不到设计要求，但这种数据距达到设计要求的差距有限，差距不是太大。经过原设计单位进行验算，认为仍可满足结构安全和使用功能，可不进行加固补强。如原设计计算混凝土强度应达到 26MPa，故只能选用 C30 混凝土，经检测的结果是 26.5MPa，虽未达到 C30 的要求，但仍能大于 26MPa，是安全的。又如某五层砌体结构，一、二、三层用 M10 砂浆砌筑，四、五层为 M5 砂浆砌筑。在施工过程中，由于管理不善等，其三层砂浆强度最小值为 7.4MPa，没达到规范的要求，按规定应不能验收，但经过原设计单位验算，砌体强度尚可满足结构安全和使用功能，可不返工和加固，由设计单位出具正式的认可证明，有注册结构工程师签字，并加盖单位公章。由设计单位承担质量责任。因为设计责任就是设计单位负责，出具认可证明，也在其质量责任范围内，可进行验收。

以上三种情况都应视为是符合规范规定质量合格的工程。只是管理上出现了一些不正常的情况，使资料证明不了工程实体质量，经过对实体进行一定的检测，证明质量是达到了设计要求或满足结构安全要求，给予通过验收是符合规范规定的。

第四种情况，更为严重的缺陷或者超过检验批的更大范围内的缺陷，可能影响结构的安全性和使用功能。若经法定检测单位检测鉴定以后认为达不到规范标准的相应要求，即不能满足最低限度的安全储备和使用功能，则必须按一定的技术方案进行加固处理，使之能保证其满足安全使用的基本要求。这样会造成一些永久性的缺陷，如改变结构外形尺寸，影响一些次要的使用功能等。为了避免社会财富更大的损失，在不影响安全和主要使用功能条件下可按处理技术方案和协商文件进行验收，但责任方应承担相应的经济责任，这一规定，给问题比较严重但可采取技术措施修复的情况一条出路，不能作为轻视质量而回避责任的一种理由，这种做法符合国际上"让步接受"的惯例。

这种情况实际是工程质量达不到验收规范的合格规定，应算在不合格工程的范围。但在《建设工程质量管条例》的第二十四条、第三十二条等条都对不合格工程的处理做出了规定，根据这些条款，提出技术处理方案（包括加固补强），最后能达到保证安全和使用功能，也是可以通过验收的。为了维护国家利益，不能出了质量事故的工程都推倒报废。只要能保证结构安全和使用功能的，仍作为特殊情况进行验收。是一个给出路的做法，不能列入违反《建设工程质量管理条例》的范围。但加固后必须达到保证结构安全和使用功能。例如，有一些工程出现达不到设计要求，经过验算满足不了结构安全和使用功能要求，需要进行加固补强，但加固补强后，改变了外形尺寸或造成永久性缺陷。这是指经过补强加大了截面，增大了体积，设置了支撑，加设了牛腿等，使原设计的外形尺寸有了变化。如墙体强度严重不足，采用双面加钢筋网灌喷豆石混凝土补强，加厚了墙体，缩小了房间的使用面积等。

造成永久性缺陷是指通过加固补强后，只是解决了结构性能问题，而其本质并未达到原设计要求的，均属造成永久性缺陷。如某工程地下室发生渗漏水，采用从内部增加防水层堵漏，满足了使用要求，但却使那部分墙体长期处于潮湿甚至水饱和状态；又如工程的空心楼板的型号用错，以小代大，虽采用在板缝中加筋和在上边加铺钢筋网等措施，使承载力达到设计要求，但总是留下永久性缺陷。

上述情况，工程的质量虽不能正常验收，但由于其尚可满足结构安全和使用功能要求，对这样的工程质量，可按协商验收。